Sora

AI视频生成、案例解析 与场景应用

智发◎编著

化学工业出版社

·北京·

内 容 简 介

本书通过81个官方案例解析、120个知识点梳理，深入浅出介绍了Sora的技术原理、特色功能、创新之处、优势特点、文案工具、脚本创作、提示词技巧、绘画工具、创意应用、变现方式等，帮助读者一本书全面精通Sora的AI视频生成技术。

10大专题内容、108分钟视频，手机扫码可看精华内容，同时赠送了9大超值资源：74组AI绘画提示词、104个效果文件、165页PPT课件、31集《AI摄影》教学视频、40集《AI办公》教学视频、58集《AI助手》教学视频、12000多组AI绘画与短视频提示词等，帮助读者轻松学会人像、动物、电影、动画、城市、建筑等多种题材的AI视频效果制作。

本书适合的人群：一是对AI绘画、AI短视频制作感兴趣的读者，二是短视频内容创作者或行业工作者。本书也可作为视频相关培训机构、职业院校的参考教材。

图书在版编目（CIP）数据

Sora AI视频生成、案例解析与场景应用 / 智发编著. —北京：化学工业出版社，2024.5
ISBN 978-7-122-45341-9

Ⅰ．①S… Ⅱ．①智… Ⅲ．①人工智能－应用－视频制作 Ⅳ．①TN948.4-39

中国国家版本馆CIP数据核字（2024）第065248号

责任编辑：李　辰　吴思璇　　　　　　　　封面设计：异一设计
责任校对：宋　玮　　　　　　　　　　　　装帧设计：盟诺文化

出版发行：化学工业出版社（北京市东城区青年湖南街13号　邮政编码100011）
印　　装：北京瑞禾彩色印刷有限公司
710mm×1000mm　1/16　印张12　字数240千字　2024年5月北京第1版第1次印刷

购书咨询：010-64518888　　　　　　　　　售后服务：010-64518899
网　　址：http://www.cip.com.cn
凡购买本书，如有缺损质量问题，本社销售中心负责调换。

定　　价：78.00元　　　　　　　　　　　　　　　版权所有　违者必究

前 言

◎ 写作驱动

在这个数字化时代，视频内容已经成为人们生活中不可或缺的一部分，从社交媒体到娱乐媒体，从教育培训到在线广告，无处不在的视频内容丰富了我们的日常体验。然而，对许多人来说，制作高质量的视频内容仍然是一个挑战，从技术要求到创意构思，从时间投入到人力成本，种种因素都可能成为制作视频的制约。

正是在这样的背景下，Sora AI视频生成工具应运而生，旨在帮助用户快速、轻松地制作高质量的视频内容。Sora不仅为用户提供了一个简单、易用的平台，而且还通过其先进的人工智能技术，为创作者们打开了无限的想象空间，用户只需输入相关的文案和提示词，即可生成具有各种风格和场景的视频作品。

本书的写作初衷就是为了帮助读者更全面地了解和掌握Sora工具，让读者们可以轻松地运用这一强大工具创作出属于自己的精彩视频。

◎ 本书特色

❶ 32个专家提醒奉送：作者在编写本书时，将平时工作中总结的各方面Sora的实战技巧和经验等毫无保留地奉献给读者，大大丰富和提高了本书的含金量。

❷ 74组AI提示词奉送：为了方便读者快速生成相关的AI文案、AI绘画作品与AI短视频作品，特将本书实例中用到的提示词进行了整理，统一奉送给大家。

❸ 81个官方案例讲解：本书精选了81个典型案例，包括Sora官方视频案例、脚本案例、提示词案例和AI绘画案例等，写作时采用了案例先行，与全书贯穿讲解的方式。

❹ 100多个效果文件奉送：随书附送的资源中包含100多个效果文件，其中的素材涉及人像、动物、电影、动画、城市、建筑、产品，以及插画等多种行业。

❺ 108分钟视频演示：本书中的每一节知识点与案例讲解，全部录制了带语音讲解的视频，时间长度达108分钟，重现书中的精华内容，读者可以结合书本观看。

❻ 120个技能知识介绍：本书从Sora的核心功能、技术原理、文案工具、脚本创作、提示词技巧、绘画工具、创意应用、变现方式等多个方面，进行了详细解说。

❼ 250多张图片全程图解：本书采用了大量的插图和实例，图文并茂、生动有趣，让读者更加直观地了解Sora的应用效果，激发读者对Sora技术的兴趣和热情。

❽ 9大超值的资源赠送：为了让读者更加方便地学习，迅速提升AI技能，作者精心准备了9大超值的资源赠送给读者，包括相关资源链接、AI绘画提示词、效果文件、视频演示、PPT课件、《AI摄影》教学视频、《AI办公》教学视频、《AI助手》教学视频。

◎ **特别提醒**

① 版本更新：在编写本书时，是基于当前各种AI工具和网页平台的界面截取的实际操作图片，但本书从编辑到出版需要一段时间，这些工具的功能和界面可能会有变动，请在阅读时，根据书中的思路，举一反三，进行学习。

② 效果文件：本书所展示的示例效果，均来源于Sora官方发布的演示视频。鉴于Sora模型目前尚处于初期研发阶段，它不可避免地存在一些问题，我们深信这些问题都将在后续的版本中逐步得到改进和优化，为我们带来更加出色的短视频创作体验。

③ 提示词的使用：提示词也称为关键词或"咒语"，需要注意的是，即使是相同的提示词，Sora等AI模型每次生成的视频、图像、文案效果也会有差别，这是模型基于算法与算力得出的新结果，是正常的，所以大家看到书里的截图与视频有所区别，包括大家用同样的提示词进行制作时，出来的效果也会有差异。因此，在扫码观看教程视频时，读者应把更多的精力放在提示词的编写和实操步骤上。

④ 具体使用问题：本书写于2024年的2月底，此时Sora正处于内测阶段，所以本书就Sora具体生成视频的实战内容写得较少，建议大家加封底的QQ群，等Sora正式发布后，作者会赠送具体的制作教程，请到时留意接收。

总之，在使用本书进行学习时，或者在扫码观看教程视频时，读者应把更多的精力放在提示词的编写和实操步骤上，要注意实践操作的重要性，只有通过实践操作，才能更好地掌握Sora等AI模型。

◎ 资源获取

读者用户可以用微信扫一扫下面的二维码，或参考本书封底信息，根据提示获取随书附赠的超值资料包的下载信息。

读者QQ群
160953134

视频教学（样例）

效果展示视频（样例）

◎ 作者售后

本书由智发编著，参与编写的人员还有胡杨等人，在此表示感谢。由于作者知识水平有限，书中难免有疏漏之处，恳请广大读者批评、指正，沟通和交流请联系微信：157075539，添加时请输入通关信息：智发。

编著者

书中81个案例索引目录

第 7 章　GPT 提示词篇

第 8 章　Sora 素材获取

目　录

第1章 官方案例学习

　　Sora由美国人工智能研究机构OpenAI开发，是一个可以根据文本指令创建真实且富有想象力场景的人工智能模型，它的问世引爆了科技圈。本章主要介绍Sora的相关知识及访问地址，并对OpenAI官方网站中的多个Sora AI视频案例进行了详细讲解，对场景、画面、关键词进行了多角度分析，帮助大家更好地了解Sora模型。

1.1 Sora 快速入门

2024年2月16日，OpenAI公司正式发布了Sora文生视频模型，那么，Sora是什么？可以用来做什么？做出来的效果怎么样？接下来本节将向读者详细介绍Sora的相关概念，以及它的访问地址。

1.1.1 什么是Sora

扫码看教学视频

Sora是一款高质量的人工智能（Artificial Intelligence，AI）视频生成模型，这是人工智能领域的重要突破。它能够根据用户输入的文本描述或图片、视频等文件生成长达60秒的高质量视频内容，生成的视频画面非常精细，具有丰富的场景、影视级的画面色彩、生动的角色表情、自然流畅的动作，以及前后连贯的故事镜头。

【案例1】：一位女士穿过京东街道

图1-1所示为OpenAI官方网站展示的Sora根据提示词生成的AI视频效果。

扫码看案例效果

图 1-1 Sora 生成的 AI 视频效果

这段AI视频使用的提示词如下：

A stylish woman walks down a Tokyo street filled with warm glowing neon and animated city signage. She wears a black leather jacket, a long red dress, and black boots, and carries a black purse. She wears sunglasses and red lipstick. She walks confidently and casually. The street is damp and reflective, creating a mirror effect of the colorful lights. Many pedestrians walk about.

中文大致意思为：

一位时尚的女士穿过东京街道，街道上温暖的霓虹灯和动态城市标志闪烁着。她穿着一件黑色皮夹克、一条长长的红色连衣裙、黑色靴子，手提一只黑色的手袋。她戴着墨镜，涂着红色的口红，自信而悠闲地走着。街道潮湿且反光，形成了彩色灯光的镜面效果。许多行人来来往往。

通过欣赏上面这段AI视频，我们可以得到以下几点感受。

❶ 一个充满时尚感和现代感的场景，通过强烈的色彩对比和环境细节的描绘，打造出了一种电影般的视觉效果。

❷ 街道上温暖的霓虹灯和动态城市标志，这种色彩饱和度高、变化频繁的光影效果给画面增添了许多动感和活力。

❸ 视频画面的播放十分流畅，女主角自信而悠闲地走着，个性化的服装增强了她的个人魅力和气场，使得画面更加生动。

❹ 看到这样的视频画面，会让人有一种错觉，就是不相信这些视频画面是由AI生成的，以为这是人们拍摄一段真实的画面。

☆ 专家提醒 ☆

Sora能做出这样的视频效果真的很强大，它能准确理解用户的提示词内容，真实地展现出虚拟的现实场景，还能理解这些事物在物理世界中的存在方式与运动规律。Sora为广告制作、视频制作、教育培训等多个行业带来了全新的创作方式，这项技术在人工智能领域是一个重大的突破，各行各业的人都在关注。

1.1.2 Sora的访问地址

用户如果要了解或使用Sora，首先需要访问OpenAI平台。打开OpenAI官方网站，然后进入Sora界面，具体操作方法如下。

扫码看教学视频

步骤01 打开浏览器，输入相应的网址，打开OpenAI官方网站，如图1-2所示。

☆ 专家提醒 ☆

在 OpenAI 官方网站的右上角，有 3 个按钮，即 Search（搜索）、Log in（登录）和 Try ChatGPT（尝试 ChatGPT），用户可根据需要执行相关操作。

3

图 1-2　打开 OpenAI 官方网站

步骤 02 在网页上方的菜单栏中，单击Research菜单，在弹出的下拉菜单中选择Sora命令，如图1-3所示。

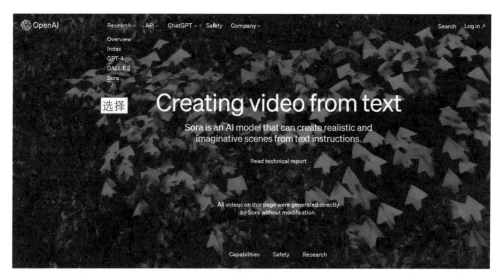

图 1-3　选择 Sora 命令

步骤 03 执行操作后，打开OpenAI平台中的Sora页面，滚动鼠标中间的滚轮，可以查看Sora页面中的各种AI视频信息，如图1-4所示。

步骤 04 单击上方的向左 ‹ 或向右 › 箭头，可以查看Sora生成的其他AI视频，画面效果如图1-5所示。

图 1-4 查看 Sora 页面中的各种 AI 视频信息

图 1-5 查看 Sora 生成的其他 AI 视频

1.2 Sora 案例分析与学习

Sora可以根据用户的提示词生成各种人物、动物、电影、特写、航拍及动画类的AI视频效果，细节丰富，画面流畅、自然、真实。本节将向读者分析Sora官方网站中展示出来的AI视频案例，对画面的效果与提示词进行相关分析，让大家对Sora有进一步的了解。

1.2.1 人物类Sora AI视频

扫码看教学视频

Sora利用AI技术可以生成各种各样的人物类视频，涵盖不同的题材、风格和表现形式，内容丰富，能满足用户对不同类型的人物和情境的多样化需求。

【案例2】：一个年轻人坐在云朵上读书

图1-6所示为OpenAI官方网站中展示的Sora生成的人物类AI视频效果。

图 1-6 Sora 生成的人物类 AI 视频效果

扫码看案例效果

这段AI视频使用的提示词如下：

A young man at his 20s is sitting on a piece of cloud in the sky, reading a book.

中文大致意思为：

一个二十几岁的年轻人坐在天空中的一朵云上，正在读书。

从这段视频可以看出，一个年轻的男人坐在一朵云上看书、读书，这种情境是不现实的，Sora的AI技术突破了常规的物理限制，展现了一种超脱尘世的状态，表达了一种对自由和理想的追求。天空中一朵一朵的白云从男生的背后飘过，象征着自由、辽阔和纯净，整个画面非常自然、流畅，让角色更加丰满和立体。

1.2.2　动物类Sora AI视频

扫码看教学视频

Sora可以生成各种可爱的动物类视频，比如小巧的动物或体积庞大的动物。动物类AI视频主要有以下4个作用。

❶ 展示动物的生活习性、行为特点和生存技巧，用于教育和启发观众，帮助观众更加了解和关注动物世界。

❷ 一些动物类视频可以用于环保宣传，呼吁人们关注动物、生态的保护问题，引发社会关注和行动。

❸ 通过展示动物之间的友爱、互助和奇妙的互动，这些视频可以传播正能量，促进人与自然的和谐共生。

❹ 动物类的视频具有乐趣，能够为观众带来欢乐和放松，缓解压力和疲劳。

【案例3】：几只巨型猛犸象踏着雪地前行

图1-7所示为OpenAI官方网站中展示的Sora生成的动物类AI视频效果。

扫码看案例效果

图 1-7

图 1-7　Sora 生成的动物类 AI 视频效果

这段AI视频使用的提示词如下：

Several giant wooly mammoths approach treading through a snowy meadow, their long wooly fur lightly blows in the wind as they walk, snow covered trees and dramatic snow capped mountains in the distance, mid afternoon light with wispy clouds and a sun high in the distance creates a warm glow, the low camera view is stunning capturing the large furry mammal with beautiful photography, depth of field.

中文大致意思为：

几只毛茸茸的巨型猛犸象踏着雪地缓缓前行，它们长长的毛发在微风中轻轻飘动，远处是覆盖着雪的树木和壮观的雪山，午后的阳光透过薄云洒下了温暖的光芒，低角度的摄像机视角令人惊叹，捕捉到了这些大型毛茸茸的哺乳动物，景深感强。

这段视频描绘了一幅壮观的画面，展现了北方寒冷地区的雪原环境，以及猛犸象高大的形象，具有多重视觉效果和情感共鸣，整个画面营造出了一种柔和而温暖的光影效果，为画面增添了一抹柔美的色彩，与雪地的明亮形成对比，使画面更加生动。在构图方面，采用了低角度的摄像机视角，捕捉到了猛犸象的雄壮身姿，同时通过景深感强的摄影手法，突出了动物主体，增强了画面的立体感和层次感。

下面分析这段AI视频的提示词结构。

❶ 主体对象：几只毛茸茸的巨型猛犸象。

❷ 主体动作：踏着雪地缓缓前行。

❸ 视觉细节：长长的毛发在微风中轻轻飘动。

❹ 周围环境：远处是覆盖着雪的树木和壮观的雪山。

❺ 光影效果：午后的阳光透过薄云洒下了温暖的光芒。

❻ 摄影手法：低角度的摄像机视角令人惊叹，捕捉到了这些大型毛茸茸的哺乳动物，景深感强。

这段视频的提示词就是采用了"主体对象+主体动作+视觉细节+周围环境+光影效果+摄影手法"的结构，基本上能够让Sora生成出满意的AI视频效果。

1.2.3　电影类Sora AI视频

Sora可以生成电影类AI视频或者预告片，能够为观众提供丰富多彩的娱乐体验，通过吸引人的剧情和精彩的画面展示，带给观众欢乐

扫码看教学视频

和乐趣。相比传统的电影，Sora生成的电影可以在较短的时间内完成，而传统电影预告片的制作周期较长，因此AI视频具有更高的制作效率，并且成本相对较低，不需要大量的人力、物力和时间投入，因此可以更经济、高效地实现影视内容的制作和传播。

【案例4】：一位30岁太空人的冒险故事

图1-8所示为OpenAI官方网站中展示的Sora生成的电影预告片效果。

扫码看案例效果

图 1-8　Sora 生成的电影预告片效果

这段AI视频使用的提示词如下：

A movie trailer featuring the adventures of the 30 year old space man wearing a red wool knitted motorcycle helmet, blue sky, salt desert, cinematic style, shot on 35mm film, vivid colors.

中文大致意思为：

一部电影预告片，讲述了一位30岁太空人的冒险故事，他戴着羊毛编织的红色摩托车头盔，在蔚蓝的天空和盐湖沙漠中，采用电影风格，使用35毫米胶片拍摄，色彩鲜明。

Sora生成的这段电影预告片的画面效果，具有以下4个特点。

❶ 鲜艳的色彩：提示词中提到了"蔚蓝的天空""羊毛编织的红色摩托车头盔""色彩鲜明"的特点，暗示了视频中将会呈现出鲜艳明亮的色彩，增强了预告片的视觉吸引力。

❷ 35毫米电影风格：使用35毫米胶片拍摄，可以赋予画面更高的画质和质感，使画面更加细腻和真实，营造出一种经典的电影视觉效果，增强了电影预告片的观赏性和品质感。

❸ 戏剧化的背景：提示词中提到了"蔚蓝的天空"和"盐湖沙漠"，这样的背景能营造出一种戏剧化的氛围，使画面更有张力和吸引力，能够吸引观众的注意力。

❹ 视觉对比：提示词中同时提到了"蔚蓝的天空和盐湖沙漠""羊毛编织的红色摩托车头盔"，这种色彩对比和场景对比可以增强画面的层次感和立体感，使画面更加丰富多彩。

☆ 专家提醒 ☆

Sora 通过提示词中的内容，可以了解用户对视频风格的偏好，例如电影风格、35毫米胶片拍摄、鲜艳的色彩、戏剧化的背景及色彩对比等。Sora 还可以理解不同类型的视频主题，如欢乐、悲伤、科幻、恐怖及奇幻，可以生成高达 1920×1080 或 1080×1920 的视频分辨率。

1.2.4 特写类Sora AI视频

Sora可以生成特写类的AI视频，通过特写镜头可以将观者的视线聚焦于人物或物体的细节部分，展示其细腻的纹理、表情或动作，使观众更加关注和感受到画面的细节之美，通过捕捉人物的微表情、眼神和情感变化，更加生动地表达人物的内心世界，增强了情感共鸣和情感表达效果。

扫码看教学视频

相比于实拍的特写画面，Sora AI视频制作可以更灵活地控制画面的细节和表现形式，可以根据需要调整特写镜头的焦距、角度和运动，更好地突出画面中的关键元素，避免了实拍时可能出现的镜头晃动、光线变化等问题，使画面更加清晰和稳定，并且具有更高的制作效率和成本收益，适用于一些预算有限或时间紧迫的项目。

【案例5】：一位24岁女性眨眼的极端特写

图1-9所示为OpenAI官方网站中展示的Sora生成的特写类AI视频效果。

扫码看案例效果

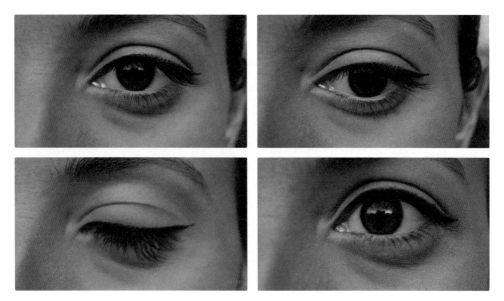

图 1-9　Sora 生成的特写类 AI 视频效果

这段AI视频使用的提示词如下：

Extreme close up of a 24 year old woman's eye blinking, standing in Marrakech during magic hour, cinematic film shot in 70mm, depth of field, vivid colors, cinematic.

中文大致意思为：

一位24岁女性眨眼的极端特写，在魔法时刻站在马拉喀什，采用70毫米电影胶片拍摄，景深，色彩鲜艳，具有电影感。

Sora生成的这段特写镜头的画面效果，具有以下5个特点。

❶ 极端特写：视频选择了极端特写镜头，将焦点集中在女性的眼睛上，突出了眼睛细节，增强了观众对眼睛的注意力，使画面更加生动，更具有张力。

11

❷ 魔法时刻：提示词中提到了"魔法时刻"，这种时刻通常指日出或日落时分，光线柔和而温暖，营造出一种梦幻般的氛围，增强了画面的情感和神秘感。

❸ 70毫米电影胶片拍摄：这样的画面具有更高的画质和清晰度，以及更加真实的质感，使画面更加细腻和逼真，增强了视觉冲击力和观赏性。

❹ 景深和色彩：提示词中提到了"景深"和"色彩鲜艳"，这种效果可以使画面更加立体和丰富，同时增强了色彩的饱满度和对比度，使画面更有吸引力。

❺ 电影感：提示词中提到了"具有电影感"，这意味着视频的画面效果具有一种电影般的质感，包括细腻的纹理、丰富的色彩和高质量的画面呈现，使画面更加富有艺术感。

综上所述，这段视频呈现出了生动、精致和具有电影感的画面效果，能够吸引观众的注意力，引发观众的情感共鸣，增强了观影体验的质量。

1.2.5 航拍类Sora AI视频

Sora可以生成航拍类的AI视频，能够展示出大范围的景观和环境，包括自然风光、城市建筑等，为观众呈现出全新的视角和视野，增强了观众对地理环境的了解和感知，还可以用于旅游宣传和地产推广，展示目的地的美景和特色，吸引游客和投资者的关注，促进旅游和地产行业的发展。

扫码看教学视频

使用Sora制作航拍类AI视频比实际使用无人机进行拍摄成本更低，而且能够在更短的时间内完成。使用无人机航拍需要额外的人力、设备和时间，来准备、飞行和拍摄，而AI视频则可以在电脑上使用人工智能技术来模拟航拍的效果，不需要实际的物理操作，而且不受地理位置、天气和设备限制，可以随时随地进行。

另外，使用Sora制作航拍类的AI视频不涉及无人机的实际飞行操作，因此更加安全可靠，不存在任何飞行风险和安全隐患。

【案例6】：围绕着一座美丽的历史教堂盘旋

图1-10所示为OpenAI官方网站中展示的Sora生成的航拍类AI视频效果。

扫码看案例效果

图 1-10　Sora 生成的航拍类 AI 视频效果

这段AI视频使用的提示词如下：

A drone camera circles around a beautiful historic church built on a rocky outcropping along the Amalfi Coast, the view showcases historic and magnificent architectural details and tiered pathways and patios, waves are seen crashing against the rocks below as the view overlooks the horizon of the coastal waters and hilly landscapes of the Amalfi Coast Italy, several distant people are seen walking and enjoying vistas on patios of the dramatic ocean views, the warm glow of the afternoon sun creates a magical and romantic feeling to the scene, the view is stunning captured with beautiful photography.

中文大致意思为：

一架无人机摄像机围绕着建在阿马尔菲海岸岩石上的美丽的历史教堂盘旋，景观展示了历史悠久且宏伟的建筑细节，以及分层的路径和露台，海浪拍打着下方的岩石，俯瞰意大利阿马尔菲海岸水域和丘陵景观，远处有几个人在露台上漫步，欣赏壮丽的海景，午后阳光的温暖光芒为场景增添了神奇和浪漫的氛围，美丽的摄影捕捉到了令人惊叹的景象。

Sora生成的这段航拍镜头的画面效果，具有以下5个特点。

❶ 航拍视角：通过模拟无人机的航拍视角，能够提供俯视、环绕等多角度视角，使观众可以全方位地欣赏建筑和风景，增强了画面的立体感和层次感。

❷ 历史建筑和自然景观：视频展示了美丽的历史教堂和阿马尔菲海岸的自然景观，包括海浪、岩石、海岸线和丘陵等，融合了历史建筑和自然风光，使画面更加丰富和生动。

❸ 光影效果：提示词中提到了"午后阳光的温暖光芒"，这种光影效果能够营造出一种温暖和浪漫的氛围，增强了画面的情感表达和吸引力，使画面更加动人。

❹ 人文景观：视频中出现了几个人在露台上漫步欣赏海景，展示了人文景观和生活场景，增添了人文气息和亲近感，使画面更加丰富，更能引起情感共鸣。

❺ 摄影技术：提示词中提到了"美丽的摄影"，说明视频的拍摄技术精湛，能够捕捉到令人惊叹的景象，展现了优秀的航拍效果和艺术功底。

1.2.6 动画类Sora AI视频

扫码看教学视频

Sora可以生成动画类的AI视频，不仅能够为观众带来娱乐和放松的体验，还具有教育和启发、品牌推广和营销、情感沟通、技术展示等多重意义，是一种具有潜力和前景的内容形式。

相比传统的动画制作，Sora的AI技术可以加速动画制作的过程，减少了烦琐的手工绘制和动作制作环节，节省了大量的时间和人力成本，提高了制作效率和速度，使动画制作更加经济实惠。

☆ 专 家 提 醒 ☆

Sora AI技术可以生成各种创意丰富、多样性的动画内容，拓展了动画创作的想象空间。Sora AI视频制作可以应用不同的算法和模型，生成不同风格和类型的动画，满足不同观众的需求和喜好。

【案例7】：一只可爱的小动物在探索森林

扫码看案例效果

图1-11所示为OpenAI官方网站中展示的Sora生成的动画类AI视频效果。

图 1-11　Sora 生成的动画类 AI 视频效果

这段 AI 视频使用的提示词如下：

3D animation of a small, round, fluffy creature with big, expressive eyes explores a vibrant, enchanted forest. The creature, a whimsical blend of a rabbit and a squirrel, has soft blue fur and a bushy, striped tail. It hops along a sparkling stream, its eyes wide with wonder. The forest is alive with magical elements: flowers that glow and change colors, trees with leaves in shades of purple and silver, and small floating lights that resemble fireflies. The creature stops to interact playfully with a group of tiny, fairy-like beings dancing around a mushroom ring. The creature looks up in awe at a large, glowing tree that seems to be the heart of the forest.

中文大致意思为：

一个小而圆、毛茸茸的生物，它有着大大的、富有表情的眼睛，正在探索一个充满活力的魔幻森林。这个生物是兔子和松鼠的奇妙混合体，它有着柔软的蓝色毛发和一条蓬松的条纹尾巴。它在一个闪闪发光的小溪边跳跃着，带着惊奇的眼神。森林里充满了神奇的元素：发光并变换颜色的花朵、带有紫色和银色叶子的树木，以及小小的飘浮着的光点，看起来像萤火虫。这个生物停下来与一群围绕着蘑菇环跳舞的小仙女般的生物进行了有趣的互动。它惊叹地抬头看着一棵巨大的、发光的树，那似乎是森林的中心。

Sora生成的这段动画类AI视频效果,具有以下5个特点。

❶ 角色设计:视频中的主角是一个小而圆的、毛茸茸的生物,它具有大而富有表情的眼睛,形象可爱且温馨,这种角色设计吸引人们的注意力,使得观众对角色产生了共鸣和情感连接。

❷ 场景设计:视频中的场景是一个充满活力的魔幻森林,包括闪闪发光的小溪、发光变色的花朵、紫色和银色叶子的树木,以及飘浮的光点,营造出了神秘而迷人的氛围,这种场景设计丰富多彩,充满了想象力和创意。

❸ 色彩运用:视频中运用了丰富的色彩,包括蓝色、紫色、银色等,营造出了梦幻般的视觉效果,色彩的运用使画面更加生动和吸引人,增强了观众的视觉体验。

❹ 细节表现:视频中通过细致的细节表现,如树叶的颜色、光点的飘浮等,使画面更加丰富和立体,这些细节的表现增强了画面的真实感和情感表达,使观众更容易沉浸其中。

❺ 情感表达:视频通过角色的表情和动作,以及场景的布置和设计,表达了惊奇、好奇、喜悦等丰富的情感,这种情感表达使观众更容易与视频产生共鸣,增强了观影体验的深度和广度。

综上所述,这段视频通过角色设计、场景设计、色彩运用、细节表现和情感表达等方面的处理,呈现出了一幅充满想象力和创意、色彩丰富、情感丰富的画面效果,为观众带来了视觉和情感上的享受。

1.2.7 创意类Sora AI视频

扫码看教学视频

Sora可以生成创意类的AI视频,能够展现出各种富有创意和想象力的视频内容,包括独特的故事情节、奇特的角色设计、惊人的视觉效果等。Sora借助先进的AI技术手段和算法,可以实现各种创新的视频效果,展示出AI技术在创意类视频制作领域的应用。

【案例8】:两艘海盗船在一杯咖啡中航行

扫码看案例效果

图1-12所示为OpenAI官方网站中展示的Sora生成的创意类AI视频效果。

图 1-12　Sora 生成的创意类 AI 视频效果

这段AI视频使用的提示词如下：

Photorealistic closeup video of two pirate ships battling each other as they sail inside a cup of coffee.

中文大致意思为：

两艘海盗船在一杯咖啡中航行，展开了激烈的战斗，画面效果栩栩如生，逼真的特写视频。

Sora生成的这段创意类AI视频效果，具有创意独特、想象力丰富和视觉冲击力强的特点，具体如下。

❶ 在一杯咖啡中：画面的背景是一杯咖啡，这种选择是非常富有创意的，

咖啡杯内部提供了一个独特而奇幻的舞台，与海盗船战斗的场景形成了鲜明的对比，这种不寻常的背景为画面增加了趣味性和独特性。

❷ 海盗船战斗：画面的主题是两艘海盗船在一杯咖啡中战斗，营造了一种冒险和紧张的氛围，吸引了观众的注意力。

❸ 逼真：提示词中提到了"逼真"，意味着它们的视觉效果非常真实，仿佛是通过摄影或真实场景拍摄的，这种逼真性通过高质量的计算机生成图形（Computer Generated Imagery，CGI）技术可以实现，以确保船只、咖啡杯和其他元素的细节、纹理和光影效果都与现实相似。

综合来看，这段视频的画面通过逼真的视觉效果、特写镜头、刺激的战斗场面，以及奇幻的背景元素，为人们提供引人入胜、充满想象力的视觉体验。Sora在AI视频的创意特效设计方面具有非常突出的表现。

☆ 专家提醒 ☆

使用 Sora 制作创意类的 AI 视频，具有较高的自动化处理能力，可以实现自动化剪辑、特效添加等功能，大大减少了人工编辑的工作量和成本，提高了视频制作效率，能够更好地满足用户的需求。

1.2.8 城市类Sora AI视频

Sora可以生成城市类的AI视频，可以展示城市的建设、发展和变化，比如通过时间穿越的效果展示城市的历史沿革，或者通过模拟未来城市的效果展示城市的规划和发展方向，还可以展示城市的文化底蕴和特色，通过场景重建、人物模拟等手法，将城市的历史、民俗、风土人情等内容生动地展现出来。

扫码看教学视频

☆ 专家提醒 ☆

对于城市类宣传片、旅游推广视频等，利用 Sora AI 来生成可以增加视频的艺术性和吸引力，增强城市的美感，展示城市的发展，提升城市的形象，传播城市的文化，从而提升宣传效果，最终达到吸引人们关注、提升城市知名度和美誉度的目的。

【案例9】：美丽、白雪皑皑的东京城市

图1-13所示为OpenAI官方网站中展示的Sora生成的城市类AI视频效果。

扫码看案例效果

图 1-13　Sora 生成的城市类 AI 视频效果

这段AI视频使用的提示词如下：

Beautiful, snowy Tokyo city is bustling. The camera moves through the bustling city street, following several people enjoying the beautiful snowy weather and shopping at nearby stalls. Gorgeous sakura petals are flying through the wind along with snowflakes.

中文大致意思为：

美丽、白雪皑皑的东京城熙熙攘攘。镜头穿梭于热闹的城市街道，跟随几个人享受美丽的雪天并在附近的摊位购物。绚丽的樱花花瓣随着雪花在风中飞舞。

Sora生成的这段城市类AI视频效果，具有以下5个特点。

❶ 冬日浪漫氛围：通过覆盖整个城市的美丽的白雪，打造浪漫的冬日氛围。雪花纷飞、樱花飘扬，给人一种清新、梦幻的感觉。

❷ 城市繁华景象：镜头穿梭于熙熙攘攘的城市街道，展现人们来往行走、摊位生意兴隆等景象，凸显出城市的繁华和活力。

❸ 人文情感：跟随几个人的视角，观察他们在雪天的活动，例如享受美景、购物等，呈现出人们在冬日里的欢愉和生活情趣。

❹ 风雪交织：风中飘舞的樱花花瓣与雪花交织在一起，形成一幅优美的画面，增添了画面的层次感和美感。

❺ 自然与城市融合：自然元素（雪花、樱花）与城市元素（街道、建筑、人群）相互交融，给人一种宁静与热闹并存的感受。

1.2.9 历史类Sora AI视频

扫码看教学视频

Sora可以生成历史类的AI视频，模拟历史场景，重现过去的历史事件、人物、文化等，使观众仿佛穿越时光，亲身体验历史。这类视频还可以作为教育工具，通过生动的画面呈现历史知识，帮助学生更加深入地理解历史事件、人物及其影响，同时激发学生对历史的思考和探索，具有重要的教育和文化意义。

利用Sora AI视频效果可以增强历史视频的视觉效果和艺术感，提升视频的观赏性，吸引更多的观众关注历史文化。通过展示不同文化背景下的历史，促进文化多样性的认知和理解，有利于文化的传承和交流。

【案例10】：加利福尼亚州的历史镜头

图1-14所示为OpenAI官方网站中展示的Sora生成的历史类AI视频效果。

扫码看案例效果

图 1-14 Sora 生成的历史类 AI 视频效果

这段AI视频使用的提示词如下：

Historical footage of California during the gold rush.

中文大致意思为：

加利福尼亚州淘金热期间的历史镜头。

Sora生成的这段历史类AI视频效果，具有以下5个特点。

❶ 历史氛围：画面采用特定的色调和滤镜来模拟19世纪淘金热时期的氛围，使用了暗淡的色彩和复古的色调来营造画面的历史感。

❷ 野外景象：展现了当时加利福尼亚的野外景象，包括山脉、小溪、森林等自然景观，以及淘金者在这些景观中劳作的场景。

❸ 淘金活动：展示了淘金者在河流、溪流等地方进行淘金活动的场景，以及淘金者在这些活动中的劳作状态。

❹ 营地生活：展示了淘金者在营地的生活场景，以及淘金者之间的交流互动。

❺ 历史建筑：呈现出了当时加利福尼亚的一些历史建筑，比如当时的城镇、商店等，以展示当时社会的面貌和建筑风格。

综上所述，这段视频主要通过色调、景观、活动等方面展现出19世纪加利福尼亚淘金热时期的历史场景和人文风貌。

1.2.10 活动类Sora AI视频

扫码看教学视频

Sora可以生成活动类的AI视频，主要用于宣传各种类型的活动，如音乐会、体育赛事、文化节、展览等，通过生动的画面效果，吸引观众的眼球，增加活动的曝光度和吸引力，将活动现场的氛围和体验生动地呈现给观众，让他们感受到活动的热闹、欢乐和兴奋，有利于活动的持续推广和传承。

通过Sora AI视频的传播，可以将活动的影响力扩大到更广泛的受众群体中，不仅能够吸引本地观众参与，还能够吸引全球范围内的人们关注，提升活动的知名度和影响力，对活动的成功举办起到积极的推动作用。

【案例11】：一起庆祝中国农历新年的视频

图1-15所示为OpenAI官方网站中展示的Sora生成的活动类AI视频效果。

扫码看案例效果

这段AI视频使用的提示词如下：

A Chinese Lunar New Year celebration video with Chinese Dragon.

中文大致意思为：

一个具有中国龙元素的中国农历新年庆祝视频。

图 1-15　Sora 生成的活动类 AI 视频效果

Sora生成的这段活动类AI视频效果，具有以下5个特点。

❶ 节日气氛：画面采用了鲜艳的色彩和喜庆的元素，如红色、金色等，以营造出中国农历新年的节日气氛。

❷ 舞龙表演：视频中展示了舞龙表演的场景，包括巨大的龙舞动的场面，舞龙者的身姿和动作等，突出了节日庆祝活动的主题。

❸ 光影效果：利用太阳光的照射，呈现出强烈的明暗对比，增强了画面的视觉效果，使画面更加绚丽多彩。

❹ 传统文化元素：画面呈现了中国传统文化元素，如中国龙，以及其他节日装饰物品，凸显了中国农历新年的传统庆祝方式。

❺ 人群活动：展示了人群的聚集场景，共同庆祝中国农历新年，营造出了浓厚的人情味和团圆气氛。

综上所述，这段视频主要通过节日气氛、舞龙表演、光影效果、传统文化元素和人群活动等方面，展现出了中国农历新年庆祝活动的热闹、喜庆和欢乐氛围，有利于吸引更多的人来参与这个传统节日。

活动类的AI视频不仅可以用于宣传和推广活动，还可以增强活动体验，记录活动历史，扩大活动影响力，推动活动的持续发展和壮大。

1.3　申请 Sora 内测资格

截至2024年3月4日，Sora还没有公开测试，暂未开放体验，还在内部测试阶段。目前，Sora只向"红队成员"开放。红队是一支由安全专家组成的团队，他们模拟攻击者的行为，以评估和增强Sora模型的安全防御能力。大家可以通过"红队成员"的申请通道来申请Sora的内测资格。

Sora还对一些艺术家、设计师和电影制作人开放，以获取他们使用Sora后的反馈信息，帮助平台进行相关改进。本节主要介绍申请Sora内测资格的操作方法。

1.3.1　打开Sora内测入口

扫码看教学视频

在申请Sora内测资格之前，首先需要打开Sora的入口，大家参照1.1.2节的操作方法，打开Sora的访问地址，然后进行以下操作。

步骤01 在网页中打开OpenAI平台的Sora页面，单击右上角的Search（搜索）按钮，如图1-16所示。

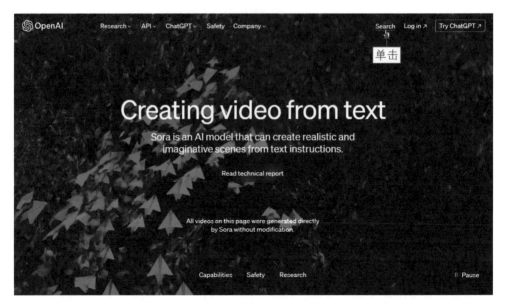

图 1-16　单击 Search 按钮（1）

步骤 02 执行操作后，进入相应的页面，在文本框中输入搜索内容apply，单击右侧的Search（搜索）按钮，如图1-17所示。

图 1-17　单击 Search 按钮（2）

步骤 03 执行操作后，进入相应的页面，其中显示了搜索到的相关信息，单击Pages（页面）标签，如图1-18所示。

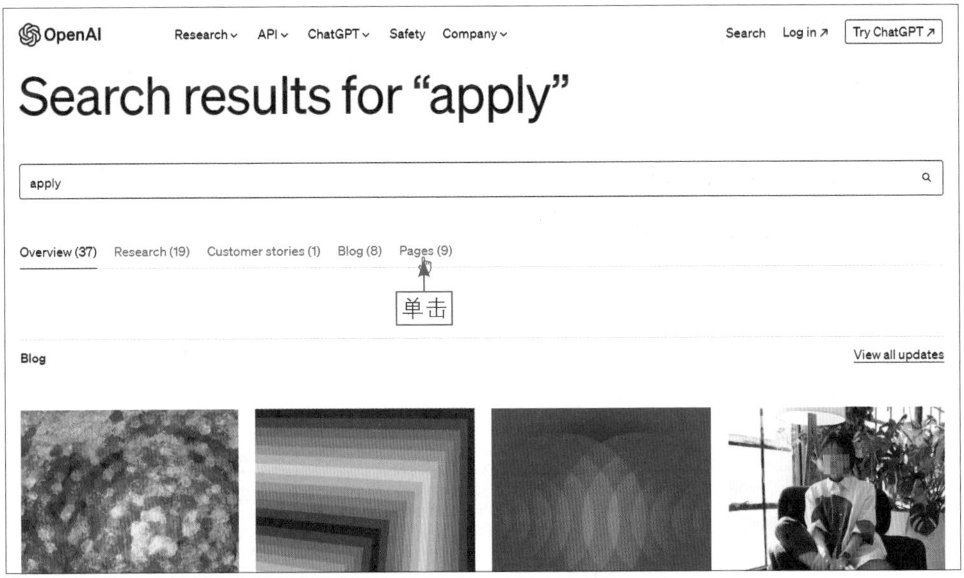

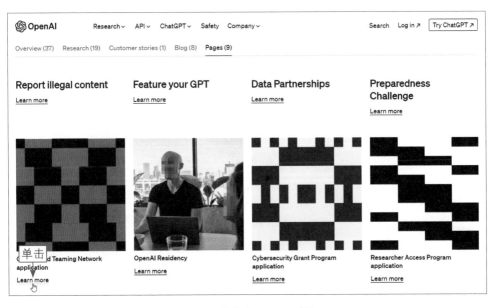

图 1-18 单击 Pages 标签

步骤 04 执行操作后，进入相应的页面，在OpenAI Red Teaming Network application（OpenAI红队网络应用程序）下方单击Learn more（了解更多信息）按钮，如图1-19所示。

图 1-19 单击 Learn more 按钮

步骤 05 进入相应的页面，即可打开Sora的内测入口，如图1-20所示。

图 1-20　打开 Sora 的内测入口

1.3.2　填写相关注册信息

扫码看教学视频

打开Sora的内测入口后，接下来需要填写相关的注册信息，主要分为3个部分，下面进行相关讲解。

步骤 01 第1部分是填写申请人的基本信息，包括姓名、电子邮件、居住国家、组织隶属关系、最高教育水平及学位信息等，如图1-21所示。

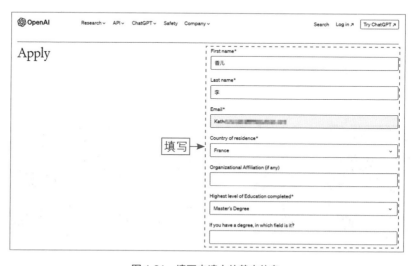

图 1-21　填写申请人的基本信息

步骤 02 第2部分是选择自己所拥有的专业知识，包括计算机科学、心理学、社会学、法律及网络安全等，用户根据需要选中相应的复选框，如图1-22

所示。

步骤 03 第3部分是回答相关问题，比如你为什么想加入红队、你能花多少时间来组建新模型、你精通哪些语言等，如图1-23所示。

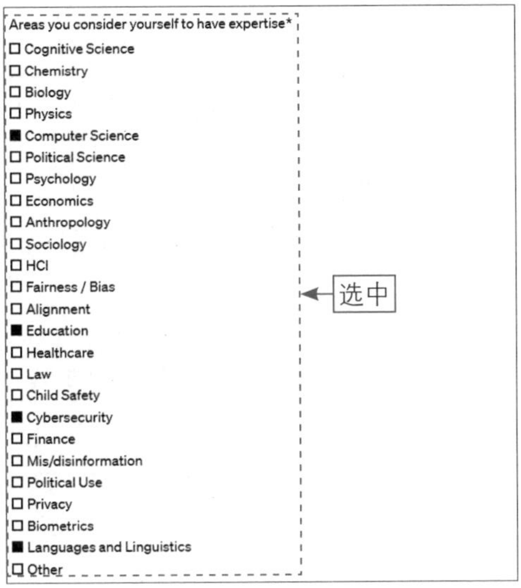

图 1-22 选中相应的复选框

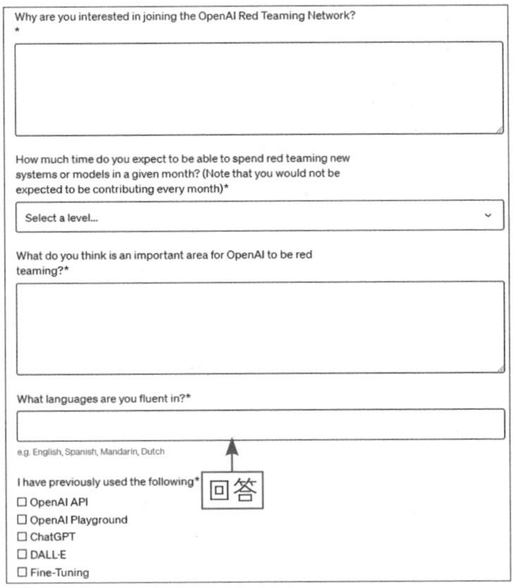

图 1-23 回答相关问题

步骤 04 内容全部填写完成后，单击下方的Submit（提交）按钮，如图1-24所示，即可提交Sora内测资格的申请。

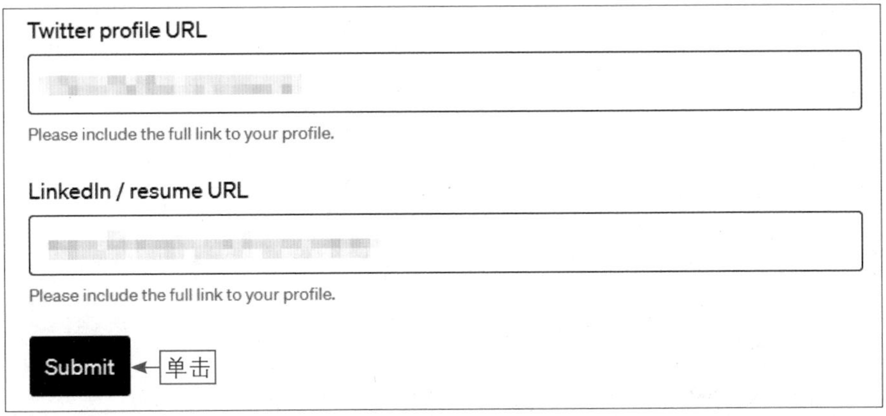

图 1-24 单击下方的 Submit 按钮

☆ 专家提醒 ☆

用户提交 Sora 内测资格的申请后，需要等待一段时间，如果申请通过了，OpenAI 公司会发出相关的邮件进行通知，用户只需时刻关注邮箱信息即可。

第2章　Sora的核心功能

　　Sora的中文名为索拉，它的英文名来自于日语"空（sora）"或"昊（sora）"，是指天空的意思，表示拥有无限的创造潜力。本章主要介绍Sora模型的核心功能、特色功能及它的创新之处，让大家对Sora模型的相关功能有进一步的了解，明白Sora可以用来做什么。

2.1　Sora 模型的核心功能

Sora模型的功能非常强大，主要包括6大核心功能，如文生视频、图生视频、扩展视频、编辑视频、连接视频及生成图像等。本节将针对Sora模型的核心功能展开介绍，帮助大家更好地了解Sora。

2.1.1　文生视频

扫码看教学视频

利用文字来创造视频，简称文生视频。Sora最强大的功能就是它可以根据用户输入的文字描述生成一段相应的AI视频内容。

Sora与剪映那些视频创建工具有一定的区别，在剪映中制作AI视频主要使用"图文成片"功能，默认情况下使用的都是网络素材；而Sora主要利用先进的人工智能技术，结合自然语言处理与生成算法，来理解用户输入的场景描述、故事情节，以及具体的文本指令，然后生成相应的视频内容。

【案例12】：海浪拍打在崎岖悬崖上的景象

扫码看案例效果

图2-1所示为OpenAI官方网站中展示的Sora文生视频的相关案例，视频中以高空俯瞰的角度展现了大苏尔加雷角海滩，让观众欣赏到了海浪拍打在崎岖悬崖上的壮丽景象，文生视频的画面流畅、自然，真实感强。

图 2-1　Sora 文生视频的相关案例

这段AI视频使用的提示词如下：

Drone view of waves crashing against the rugged cliffs along Big Sur's garay point beach. The crashing blue waters create white-tipped waves, while the golden light of the setting sun illuminates the rocky shore. A small island with a lighthouse sits in the distance, and green shrubbery covers the cliff's edge. The steep drop from the road down to the beach is a dramatic feat, with the cliff's edges jutting out over the sea. This is a view that captures the raw beauty of the coast and the rugged landscape of the Pacific Coast Highway.

中文大致意思为：

无人机拍摄的海浪拍打大苏尔加雷角海滩崎岖悬崖的景象。蔚蓝的海水激起白色的浪花，夕阳的金色光芒照亮了岩石海岸。远处有一座小岛，岛上有一座灯塔，悬崖边长满了绿色的灌木丛。从公路到海滩的陡峭落差是一项戏剧性的壮举，悬崖边缘伸出海面。这一景观捕捉到了海岸的原始之美和太平洋海岸公路的崎岖景观。

Sora生成的这段AI视频，具有以下4个特点。

❶ 模拟无人机拍摄：航拍的画面具有独特的俯视角度，场景宏伟大气，可以展现出与地面不同的景象和结构，从而呈现出人们平时难以获得的视角和景象。

❷ 景深感：通过模拟无人机的俯拍视角，展现出了远近景物的明显区别，让观众感受到了悬崖、海浪和小岛的远近关系，增强了画面的立体感和景深感。

❸ 色彩对比：突出了海浪的蓝色与白色泡沫的对比，以及夕阳下的金色光芒照射在岩石上的美丽景色，营造出了色彩丰富、生动鲜明的画面效果。

❹ 自然元素：突出了海浪、悬崖、岩石海岸线、小岛与灯塔，以及悬崖上覆盖的绿色灌木丛等自然元素，突出了大自然的原始美和壮观景象。

综上所述，Sora这段文生视频主要通过模拟无人机拍摄、景深感、色彩对比及自然元素等方面，展现出大苏尔加雷角海滩的壮丽景象，以及太平洋海岸公路的崎岖地貌，吸引了观众的眼球，并营造出了宏伟壮观的视觉效果。

【案例 13】：一朵花从花苞到开花的全过程

扫码看案例效果

图2-2所示为OpenAI官方网站中展示的Sora通过文字生成定格动画的相关案例，生成的是一朵花从花苞到开花的全过程，细节清晰，效果十分惊艳。

☆ 专家提醒 ☆

传统的定格动画拍摄需要花费大量的时间和成本，包括设置场景、拍摄过程、后期处理等。而使用 Sora AI 生成这种定格动画，可以大大缩短制作时间和减少成本，节省人力和物力资源。而且，Sora可以根据用户的需求定制花朵的形态、颜色、生长速度等，从而实现更加个性化的效果。

图2-2　Sora通过文字生成定格动画的相关案例

这段AI视频使用的提示词如下：

A stop motion animation of a flower growing out of the windowsill of a suburban house.

中文大致意思为：

郊区一个房屋窗台上的定格动画，描述一朵花从窗台长出的过程。

Sora生成的这段AI定格动画，具有以下5个特点。

❶ 定格动画风格：由于生成的是定格动画，画面会以一帧帧的静止图像的形式出现，每一帧之间会有微小的变化，通过连续播放这些静止的图像来模拟花朵生长的过程。

❷ 窗台背景：画面的背景是郊区房屋的窗台，展现出了典型的郊区房屋建筑风格，如木质窗框、白色墙面等，营造出家庭温馨的氛围。

❸ 花朵生长：画面中心的焦点是窗台上的花盆，花盆中的花苗慢慢生长，伸展出嫩绿的茎干，然后逐渐展开花瓣，最终形成一朵完整的、绽放的鲜花。

❹ 动态元素：除了花朵本身，画面中还会有一些其他的动态元素，如阳光照射进来的光线变化等，为画面增添了生机和活力。

❺ 细节处理：在定格动画中，每一帧的细节处理至关重要，如花苗的生长速度、花瓣的绽放顺序等，以增加画面的逼真感和观赏性。

综上所述，这段视频以定格动画的形式呈现出了窗台上一朵花生长的过程，突出了花朵生长的细节和自然的美感，营造出了温馨、生动的画面效果。

2.1.2 图生视频

扫码看教学视频

利用图片来生成视频，简称图生视频。Sora不仅可以将文字内容转化为视频画面，还可以根据用户提供的图片内容衍生出新的视频画面。

Sora模型接收到用户输入的图片素材后，会对提供的静态图片进行特征提取，这里会使用卷积神经网络等技术来分析图像中的各种特征，如边缘、颜色、纹理等。基于提取的图像特征，Sora会根据预定义的算法和指令生成相应的动态效果，这些效果包括图片之间的过渡效果，以及缩放、移动、旋转等动画效果。

生成的动态效果将被应用到视频的每一帧画面中，将静态图片转化为动态视频，并根据预定义的算法和指令对每一帧进行处理，以生成相应的动态效果，生成的视频帧最终将被组合成一段完整的视频。Sora模型将处理后的视频帧按照一定的顺序进行排列和组合，以生成最终的动态视频效果。

【案例14】：将摄影图片转化为视频

下面来看一个OpenAI官方网站中展示的Sora图生视频的相关案例。首先来看一下操作人员向Sora提供的图片素材，如图2-3所示。

图 2-3　向 Sora 提供的图片素材

将图片转化为视频的提示词如下：

In an ornate, historical hall, a massive tidal wave peaks and begins to crash. Two surfers, seizing the moment, skillfully navigate the face of the wave.

中文大致意思为：

在一座华丽的历史大厅里，巨大的浪潮达到顶峰并开始崩塌。两名冲浪者抓住时机，熟练地驾驭海浪。

接下来大家可以欣赏Sora将图片转化为视频的效果，如图2-4所示。

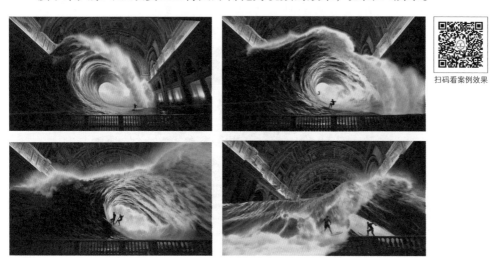

扫码看案例效果

图 2-4　Sora 将图片转化为视频的效果

Sora生成的这段AI视频，具有以下5个特点。

❶ 对比冲突：画面中华丽的历史大厅与巨大的浪潮形成了强烈的对比冲突，突出了不同元素之间的反差，增强了视觉冲击力。

❷ 壮观景象：在历史大厅中展现出了浪潮的巨大规模和威力，形成了一个壮观的景象，巨大的海浪顶峰和翻滚的浪花给人以震撼和惊叹之感。

❸ 动态运动：两名冲浪者在浪潮中的运动形态为画面注入了动感和活力，他们技艺娴熟地操控冲浪板，穿梭于海浪之间，给人留下了挑战自然、勇敢无畏的印象。

❹ 历史与现实的碰撞：历史大厅作为传统与庄严的象征，与现实中突如其来的浪潮和冲浪者形成了有趣的对比，这种碰撞展现了不同时空、文化和生活方式之间的冲突与融合。

❺ 情绪张力：画面可以引发观众的情绪张力，如紧张、兴奋、惊讶等，观众会因为画面中出现的突发事件和极端场景而产生强烈的情感体验。

综上所述，这段视频通过对比冲突、壮观景象、动态运动、历史与现实的碰撞，以及情绪张力等方面的表现，营造出了一幅生动、引人入胜的画面，给观众带来了强烈的视觉和情感体验。

【案例15】：将怪物插图转化为视频

下面再来看一个案例，看Sora是如何将怪物插图转化为动态视频的。首先来看一下操作人员向Sora提供的图片素材，如图2-5所示。

图 2-5　向 Sora 提供的图片素材

将图片转化为视频的提示词如下：

Monster Illustration in flat design style of a diverse family of monsters. The group includes a furry brown monster, a sleek black monster with antennas, a spotted green monster, and a tiny polka-dotted monster, all interacting in a playful environment.

中文大致意思为：

平面设计风格的怪物插画，描绘了一个多样化的怪物家族。这个家族包括一只毛茸茸的棕色怪物、一只带有天线的外表光滑的黑色怪物、一只带有斑点的绿色怪物，以及一只带有小圆点的微小怪物，它们在一个充满趣味的环境中互动。

接下来欣赏Sora将怪物插图转化为视频的效果，如图2-6所示。

扫码看案例效果

图 2-6　Sora 将怪物插图转化为视频的效果

Sora生成的这段AI视频，具有以下5个特点。

❶ 平面设计风格：画面采用平面设计风格，强调简洁的图形和色彩，呈现出了简洁、明快的视觉效果。

❷ 怪物家族：画面展现出了一个多样化的怪物家族，每个怪物的外观和特

点各异，具有多样性和创意性。

❸ 不同颜色和形状的怪物：视频中会有毛茸茸的棕色怪物、外表光滑的黑色怪物、带有斑点的绿色怪物和带有小圆点的微小怪物等，它们的颜色和形状各异，为画面增添了丰富的视觉元素。

❹ 互动玩耍：画面中展现出了怪物们互动和玩耍的场景，彼此之间进行着各种有趣的互动，为画面增加了趣味性和活泼感。

❺ 色彩鲜明：由于插图采用了平面设计风格，画面中的色彩比较鲜明，突出了怪物们的特点和个性。

综上所述，这段视频通过平面设计风格、多样化的怪物家族、不同颜色和形状的怪物、互动玩耍的场景及鲜明的色彩，营造出了一段画面栩栩如生的动画。

2.1.3 扩展视频

扫码看教学视频

Sora的扩展视频是指利用人工智能技术，对现有视频进行修改、增强或生成全新视频的过程，这种技术涉及计算机视觉、自然语言处理和机器学习等技术，从而改变视频的内容或增加新的特效，以创造出看起来更加逼真或令人惊奇的效果。

【案例16】：从视频片段的结尾扩展视频

下面来看3个视频片段，首先欣赏第1个视频的画面效果，如图2-7所示。

扫码看案例效果

图 2-7　第 1 个视频的画面效果

接下来欣赏第2个视频的画面效果，如图2-8所示。

扫码看案例效果

图 2-8   第 2 个视频的画面效果

接下来欣赏第3个视频的画面效果，如图2-9所示。

扫码看案例效果

图 2-9   第 3 个视频的画面效果

通过上面3段视频可以看出，每个视频片段都是从视频的结尾进行扩展延伸的，由Sora扩展视频后面的内容。这3个视频前面的内容都不相同，但扩展延伸的后面部分是一模一样的，而且每个视频前面与后面的画面连接都十分自然。

这就是Sora的扩展视频功能，它可以从视频的前面或者后面进行扩展延伸，生成连贯、逼真的视频效果。

【案例17】：将视频分别向前和向后扩展

使用Sora的AI技术，不仅可以从视频的结尾向后扩展，还可以将视频分别向前和向后进行扩展，使视频进行无缝的无限循环。

图2-10所示为人物在一段崎岖的山路上骑行的视频，这个视频在Sora中分别向前和向后进行了扩展，而且结束处与开始处的画面是相同的，形成了一个无限循环的效果。

扫码看案例效果

图 2-10　人物在一段崎岖的山路上骑行的视频

☆ 专家提醒 ☆

深度学习是一种机器学习方法，而生成对抗网络（Generative Adversarial Networks，GANs）是一种深度学习模型，通过对抗训练的方式生成逼真的图像或视频。在视频生成方面，GANs可以用来合成新的视频内容，例如生成虚拟人物、场景或物体，或者改变视频中的特定元素，如天空的颜色、人物的表情等。

GANs模型的优点在于能够生成与真实数据非常相似的假数据，同时具有较高的灵活性和可扩展性。GANs是深度学习中的重要研究方向之一，已经成功应用于图像与视频的生成、编辑、修复，以及风格转换等方面。

2.1.4　编辑视频

扫码看教学视频

Sora中的“视频到视频编辑”是一种视频编辑技术，是指将一个视频转换为另一个视频，主要通过Sora的人工智能技术和计算机视觉

技术来实现，这种编辑技术可以用于多种目的，包括转换视频风格、修改视频内容和添加特效等。

在Sora的人工智能技术中，应用了扩散模型，该模型可以根据用户输入的文本内容来修改图像和视频画面，轻松改变视频风格。

【案例 18】：将汽车视频修改为不同的风格

扫码看案例效果

下面来看一个案例，将一段在山间公路行驶中的汽车视频修改为不同的风格，首先来看视频的原片，效果如图2-11所示。

图 2-11　在山间公路行驶中的汽车视频

扫码看案例效果

接下来输入提示词"将视频放在有彩虹路的太空中"，更改视频画面的风格，效果如图2-12所示。

图 2-12

图 2-12　将视频放在有彩虹路的太空中

扫码看案例效果

重新输入提示词"保持视频不变，但将时间设为冬天"，即可将视频的场景设置为寒冷的冬天，效果如图2-13所示。

图 2-13　将视频修改为冬天的场景

通过上述欣赏案例效果，可以看出Sora的编辑视频功能主要有以下3个特点。

❶ Sora可以分析视频内容，识别出关键场景和片段，然后自动进行剪辑和修剪，节省编辑人员的时间和精力。

❷ Sora可以识别视频中的对象、人物、场景等内容，并自动添加标签和描述，提高视频搜索和管理的效率。

❸ Sora可以根据视频内容自动调整色彩、对比度、亮度等参数，以及添加特效和滤镜，提升视频画面的吸引力。

通过应用Sora的人工智能技术，视频编辑人员可以更快速、更智能地处理视频内容，提高工作效率和视频质量。Sora的编辑视频功能也为普通用户提供了更便捷、更智能的视频编辑工具，使他们能够轻松地制作出高质量的视频内容。

2.1.5 连接视频

扫码看教学视频

连接视频是指利用Sora的人工智能技术来实现视频内容的连接、编辑或增强，主要使用AI视频插值的方法，将由两个完全不同的主题和场景构成的视频进行无缝过渡，形成一个完整的视频。

下面以图解的方式来分析这种AI视频插值的方法，如图2-14所示。

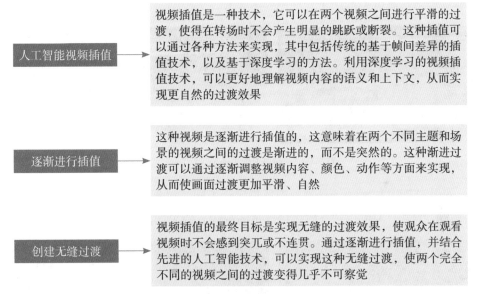

图 2-14 AI 视频插值的相关分析

☆ 专家提醒 ☆

在实现视频插值的过程中，常常利用深度学习模型，如生成对抗网络或变分自编码器（Variational Auto Encoder，VAE）等，这些模型可以学习视频内容的表示，并生成具有连续变化的过渡效果。这种 AI 视频插值技术可以在视频编辑、电影制作、特效制作等领域发挥重要作用，为创作者提供了更多创作的可能性，同时也为观众带来了更为流畅、更具吸引力的观影体验。

【案例 19】：将历史教堂与圣诞雪景无缝连接

下面来看一个案例，了解Sora是如何将两段不同的视频连接到一起的。

视频1：一段航拍的阿马尔菲海岸岩石上的历史教堂视频，如图2-15所示。

扫码看案例效果

图 2-15 一段历史教堂视频

视频2：一段圣诞雪景画面，有多个雪人聚集在一起，周围是一些装饰好的圣诞场景，还有可爱的房子，如图2-16所示。

扫码看案例效果

图 2-16 一段圣诞雪景画面

虽然这两段视频的场景和画面风格完全不同，但是利用Sora在两段视频之间逐渐进行插值，即可得到一段拼接连贯的视频，效果如图2-17所示。

扫码看案例效果

图 2-17 得到一段拼接连贯的视频

☆ 专 家 提 醒 ☆

通过上述视频案例的展示，视频插值技术在连接视频方面具有以下3个特点。

❶ 过渡更加柔和：这种渐变过渡使得从一个场景到另一个场景的转变变得更加柔和，减少了突兀感和不连贯感。

❷ 保持视觉连续性：通过逐渐进行插值，最终合成的画面能够保持视觉连续性，即使在不同场景之间也能够呈现出一定的连贯性。

❸ 实现不同的视觉表现：通过调整插值的速度、方式和细节，可以实现不同的过渡效果和视觉表现，从而创造出更具创意和独特性的作品。

【案例20】：将长相不同的两只动物无缝连接

Sora不仅可以将两个不同的视频场景进行无缝连接，还可以将长相不同的两只动物拼接成一个动物。先来看两段视频的原片，效果如图2-18所示。

视频一：绿鬣（liè）蜥（xī）　　　　　　　视频二：蓝凤冠鸠

扫码看案例效果

扫码看案例效果

图2-18　两段视频的原片

准备好两段不同的动物素材后，Sora利用视频插值技术，逐渐将两个不同动物的特征进行过渡和融合，从而实现两个动物的拼接，通过合适的特征提取和插值处理，可以创造出令人惊叹的视觉效果，合成后的动物视频效果如图2-19所示。

扫码看案例效果

图 2-19　合成后的动物视频效果

下面分析Sora运用视频插值技术合成动物视频的具体过程，如图2-20所示。

特征提取	→	提取两段视频中的动物特征，包括动物的外形、轮廓、纹理等特征，这一步可以通过计算机视觉技术和深度学习模型来实现，例如目标检测模型或者图像分割算法
插值处理	→	利用视频插值技术，逐渐将两个动物的特征进行插值。具体来说，可以逐渐调整动物的外形、纹理、颜色等特征，使两个不同动物的外观逐渐过渡到一个中间状态
过渡效果	→	在插值过程中，需要设计合适的过渡效果，使最终合成的动物在视觉上呈现出自然的过渡，涉及渐变的外观特征、逐渐消失或出现的部分，以及动物形态的连续性等
结果合成	→	将插值处理后的两个动物视频合成为一个视频序列，形成最终的拼接动物。在合成过程中，需要确保过渡效果的平滑和自然，以提升观赏体验
后期处理	→	根据需要进行一些后期处理，如调整视频的颜色、亮度、对比度等，以进一步提升合成动物的视觉效果

图 2-20　运用视频插值技术合成动物视频的具体过程

2.1.6 生成图像

扫码看教学视频

　　Sora不仅具有生成视频的能力，还可以生成分辨率高达2048×2048的图像效果。Sora可以从随机噪声中生成图像，而不是简单地复制或重建训练数据中的图像。Sora生成图像的过程是通过学习到的数据分布来实现的，生成的图像会呈现出与训练数据相似但又不完全相同的特征。

【案例21】: Sora 生成的人物类图像效果

　　图2-21所示为OpenAI官方网站中展示的Sora生成的人物类图像效果。

图 2-21　Sora 生成的人物类图像效果

这张AI图像使用的提示词如下：

Close-up portrait shot of a woman in autumn, extreme detail, shallow depth of field.

中文大致意思为：

一位女性的近距离肖像，秋季拍摄，极致细节，浅景深。

下面对Sora生成的这张人物图像的关键词进行分析。

❶ 近距离肖像：表明画面中的主体是一位女性，并且摄影距离较近，这样可以呈现出更多的面部细节和表情。

❷ 秋季拍摄：意味着画面的背景、色调和元素与秋季相关，包括秋叶、秋天的色彩和色调等。

❸ 极致细节：暗示画面中需要非常丰富的细节，包括面部特征、纹理、服装细节等，这些细节被有意强调。

❹ 浅景深：说明画面中的主体清晰而背景模糊，这种效果可以用来突出主体并营造出艺术效果，使观众的焦点更加集中在女性肖像上。

综合起来，这张图像展现了一位女性在秋季环境中的近距离肖像，画面具有极致的细节并采用了浅景深效果，以突出女性主体并创造出艺术感。

【案例22】：Sora 生成的动物类图像效果

图2-22所示为OpenAI官方网站中展示的Sora生成的动物类图像效果。

图 2-22　Sora 生成的动物类图像效果

这张AI图像使用的提示词如下：

Digital art of a young tiger under an apple tree in a matte painting style with gorgeous details.

中文大致意思为：

一幅数字艺术作品，以哑光绘画风格呈现，描绘了苹果树下一只年轻的老虎，细节精美。

下面对Sora生成的这张动物图像的关键词进行分析。

❶ 数字艺术作品：通过工具和软件创作的艺术作品，包括绘画软件、图形设计软件等，因此画面会呈现出一种数字艺术的独特风格和特征。

❷ 哑光绘画风格：描述了画面的风格，哑光是指颜色或表面的一种光泽程度，这种风格使画面具有柔和、平滑的外观。

❸ 年轻的老虎：表明画面中的主题是一只年轻的老虎，画面会给人一种生动、活泼的感觉。

❹ 苹果树下：指明了画面的背景或场景，包括苹果树的树干、树叶、果实等元素，为画面增添了一种自然、生机勃勃的氛围。

❺ 细节精美：暗示了画面中包含丰富的细节，如老虎的毛发、眼睛、皮肤纹理，以及周围环境中的各种元素，这些细节可以使画面更加逼真、生动。

综合起来，这张图像以哑光绘画风格呈现，描绘了一只年轻的老虎在苹果树下的场景，画面细节丰富，给人一种生动、自然的感觉。

Sora生成图像的过程涉及在一个空间网格中排列高斯噪声块。空间网格指的是图像的像素网格，而高斯噪声是一种随机噪声，其分布符合高斯分布，通过将高斯噪声块排列在空间网格中，模型可以随机生成图像的初始内容。

2.2　Sora 的特色功能

通过大规模的训练，Sora视频模型能够展现出多种有趣的特色功能，使其能够模拟现实世界中的人、动物和环境的各个方面，从而生成高质量、逼真的视频效果。本节主要介绍Sora的4大特色功能。

2.2.1　可以控制视频长度

用户可以通过Sora来指定生成的视频时长。具体来说，用户可以设定生成视频的长度，例如可以是几秒钟、十几秒钟、几十秒钟，或者其他用户希望指定的时长，Sora在生成视频时会根据用户设定的时长来生成相应长度的视频内容。

扫码看教学视频

这种功能的实现包括两个方面，如图2-23所示。

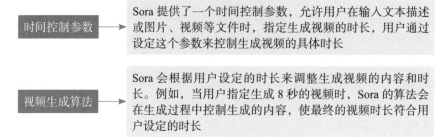

时间控制参数 ➤ Sora 提供了一个时间控制参数，允许用户在输入文本描述或图片、视频等文件时，指定生成视频的时长，用户通过设定这个参数来控制生成视频的具体时长

视频生成算法 ➤ Sora 会根据用户设定的时长来调整生成视频的内容和时长。例如，当用户指定生成 8 秒的视频时，Sora 的算法会在生成过程中控制生成的内容，使最终的视频时长符合用户设定的时长

图 2-23　控制视频时长的两个方面

【案例 23】：Sora 生成 20 秒的视频效果演示

扫码看案例效果

当操作人员指定视频的时长为20秒时，Sora利用人工智能算法就能生成20秒的AI视频，效果如图2-24所示。

图 2-24　Sora 生成 20 秒的视频

这段AI视频使用的提示词如下：

A gorgeously rendered papercraft world of a coral reef, rife with colorful fish and sea creatures.

中文大致意思为：

一个渲染华丽的珊瑚礁纸艺世界，充满了色彩缤纷的鱼类和海洋生物。

下面对Sora生成的这段AI视频的关键词进行分析。

❶ 珊瑚礁：视频的主题场景是一片珊瑚礁，画面中会出现珊瑚的形态、颜色及珊瑚礁的整体环境，视频会呈现出一种美丽而神秘的海底景象。

❷ 纸艺世界：画面采用了纸艺风格，让整个场景看起来像是由纸艺材料制成的，能给观众带来一种独特的手工制作的感觉。

❸ 色彩缤纷的鱼类和海洋生物：视频中会出现各种形态各异、色彩绚丽的鱼类和其他海洋生物，这些生物会在珊瑚礁周围游动，使整个画面更加生动、有趣。

❹ 渲染华丽：画面采用了高品质的渲染技术，呈现出精美、细腻的效果，具有丰富的细节、逼真的色彩和流畅的动画，使观众能够沉浸在这个奇妙的纸艺世界中。

综上所述，这段20秒的Sora AI视频会展现出一片渲染华丽的纸艺世界，包括珊瑚礁、五彩斑斓的鱼类和其他海洋生物，能给观众带来一场视觉盛宴。

2.2.2 保持3D一致性

扫码看教学视频

Sora能够生成具有动态摄像机运动效果的视频内容，动态摄像机运动是指摄像机在三维空间中的移动和旋转，这种运动可以为视频带来更加生动和真实的观感，使观众仿佛置身于场景之中，能为观众带来更加丰富的观影体验。

在Sora生成的视频中，人物和场景元素将与摄像机的运动保持一致，无论摄像机是移动还是旋转，人物和场景元素都会相应地在画面中移动或变换视角，从而使整个画面看起来更加连贯和自然。

【案例24】：一段摄像机运动拍摄的视频效果

图2-25所示为Sora生成的一段摄像机在三维空间中运动拍摄的视频效果。

扫码看案例效果

图2-25

图2-25　Sora生成的一段摄像机在三维空间中运动拍摄的视频效果

这段AI视频使用的提示词如下：

The camera follows behind a white vintage SUV with a black roof rack as it speeds up a steep dirt road surrounded by pine trees on a steep mountain slope, dust kicks up from it's tires, the sunlight shines on the SUV as it speeds along the dirt road, casting a warm glow over the scene. The dirt road curves gently into the distance, with no other cars or vehicles in sight. The trees on either side of the road are redwoods, with patches of greenery scattered throughout. The car is seen from the rear following the curve with ease, making it seem as if it is on a rugged drive through the rugged terrain. The dirt road itself is surrounded by steep hills and mountains, with a clear blue sky above with wispy clouds.

中文大致意思为：

摄像机跟随一辆白色的老式SUV，车顶有一个黑色的行李架，它沿着山坡上一条陡峭的土路加速前行，周围是松树，车轮卷起一阵尘烟。阳光照在SUV上，当其在土路上快速行驶时，整个场景都笼罩在温暖的光辉之中。土路在远处轻轻弯曲，看不到其他车辆。路两旁的树木是红杉，零星分布着一些绿植。从后方看车辆沿着曲线行驶，似乎是在崎岖的地形中轻松前行。土路本身被陡峭的山丘和山脉环绕，天空晴朗，飘着几朵白云。

通过这段视频可以看出，一辆白色的老式SUV沿着陡峭的山坡行驶，摄像机在移动过程中与车辆和场景元素的运动保持了一致，从而使生成的视频更加生动、形象，营造了一幅壮美的自然风景画面。

2.2.3　保持主体不变

扫码看教学视频

视频生成系统在采样长视频时面临的重大挑战之一是保持时间一致性，这意味着在生成长视频时，系统需要确保视频内容在时间上的连续性和稳定性，以便观众能够获得统一而流畅的观影体验。

针对这一挑战，Sora能够有效地对短期和长期依赖关系进行建模，这意味着Sora能够理解视频内容中不同部分（人、动物和物体）的时间关系，并在生成视频时保持一致。

【案例25】: 一段有关斑点狗的视频效果

图2-26所示为Sora生成的一段有关斑点狗的视频效果。在这样一段视频中，即使斑点狗被路过的行人遮挡住了，当斑点狗再次出现时，Sora仍能够保留它的外观和特征，这确保了视频中各个元素在时间上的连续性和稳定性。

扫码看案例效果

图 2-26　一段有关斑点狗的视频效果

这段AI视频使用的提示词如下：

The camera is directly facing the colorful buildings on the island of Burano, Italy. An adorable Dalmatian is peeking out through a window on the ground floor of a building. Many people are walking along the canal streets in front of the buildings.

中文大致意思为：

相机正对意大利布拉诺岛色彩缤纷的建筑。一只可爱的斑点狗透过一楼建筑的窗户向外张望。许多人沿着建筑物前的运河街道步行。

【案例26】: 一段有关机器人的视频效果

Sora能够在单个样本中生成同一角色的多个镜头，并在整个视频中保持其外观一致。这意味着即使同一角色出现在视频的不同部分，其外观和特征也会保持一致，从而增强了视频的连贯性和观赏性。

图2-27所示为Sora生成的一段有关机器人的视频效果，即使在视频的不同部分，机器人的外观也能够保持一致。

图 2-27　一段有关机器人的视频效果

这段AI视频使用的提示词如下：

The story of a robot's life in a cyberpunk setting.

中文大致意思为：

赛博朋克背景下机器人的生活故事。

2.2.4　物理交互反馈

　　尽管Sora是一个视频生成模型，但它可以通过模拟场景中的动作和变化来创造生动的视觉效果，这种效果会产生一种仿佛是通过真实物理交互而产生的感觉。

【案例27】：画家在画布上留下新的笔触

图2-28所示为OpenAI官方网站中展示的一段画家在画布上作画的视频。

扫码看案例效果

图2-28 一段画家在画布上作画的视频

这段AI视频使用的提示词如下：

A person is painting a watercolor of a cherry blossom tree, with predominantly white and brown tones, in a fresh and natural style. The scene is presented in hand-drawn animation.

中文大致意思为：

一个人正在用笔画一幅樱花树的水彩画，色调以白色和棕色为主，采用清新自然的风格，画面以手绘动画的方式呈现。

Sora生成的视频中，展示了一个画家站在画布前，用笔在画布上作画的场景。这时，画家在画布上留下了新的笔触、新的颜色、新的线条及新的形状，观众可以看到画家的手臂和手部动作，以及笔触在画布上的变化，这样的呈现方式使观众可以体验到画家创作的过程，并感受到画作逐渐完善的变化。

在这个案例中，Sora通过模拟画家在画布上作画的过程，从而在生成的视频中展现出新的笔触，这种效果是通过算法和模型来实现的，而不是通过真实的物理交互。这种视觉效果可以给观众一种仿佛是通过真实物理交互而产生的感觉，增强了视频的真实感和沉浸感。

☆ 专 家 提 醒 ☆

虽然这不是真实的物理交互，但通过模拟物体间的动作和变化，Sora可以在生成的视频中呈现出类似物理交互的效果，从而使视频效果更加生动。

【案例28】：一个人吃汉堡并留下咬痕

图2-29所示为OpenAI官方网站中展示的一段人物吃汉堡并留下咬痕的视频。

扫码看案例效果

图 2-29　人物吃汉堡并留下咬痕的视频

这段AI视频使用的提示词如下：

An elderly man with white hair, wearing black-framed glasses, is eating a hamburger. The background is in a restaurant with warm yellow lighting. The scene is rich in detail, with a close-up shot and shallow depth of field.

中文大致意思为：

一个白发苍苍戴着黑框眼镜的男人在吃汉堡，背景是在一个餐馆中，有暖黄色的灯光，画面细节丰富，特写，浅景深。

Sora生成的视频中，展示了一个人手拿汉堡，并咬下一口，随着咬下去的动作，汉堡会出现咬痕，其中的食材也会发生相应的变化。观众通过视频看到咬痕的出现，以及食材的逐渐减少，从而感受到食物被吃掉的过程，这种逐渐变化的过程使视频更加生动和真实，让观众更容易产生共鸣和情感连接。

综上所述，Sora可以通过模拟这些简单的行动，如画家作画和人吃东西，来增强生成的视频的真实感和交互性。这种能力使得Sora生成的视频更加丰富和生动，能够吸引观众的注意力并提供更加沉浸的观影体验。

2.3　Sora 的创新之处

Sora模型在AI视频生成领域具有多方面的创新之处，能够为用户提供自动化的视频创作过程，生成个性化的视频内容，呈现出创新的AI视频生成技术，同时增强了用户的观影体验和参与感。本节主要介绍Sora的3个创新之处。

2.3.1　自动化视频创作过程

Sora模型通过深度学习和生成对抗网络等技术，实现了视频创作过程的自动化。用户无须具备专业的视频制作技能，只需输入一些简单的文本提示内容，或者提供相应的图片或视频素材，Sora就能够自动生成高质量的视频内容。

扫码看教学视频

下面以图解的方式分析Sora自动化视频创作过程对用户来说有哪些作用，如图2-30所示。

节省时间和成本 → 传统视频制作过程涉及视频拍摄、剪辑、特效等多个环节，需要耗费大量的时间和人力成本。而 Sora 的自动化视频创作过程能够大大减少这些环节的时间和成本消耗，帮助用户快速生成所需的视频内容

图 2-30

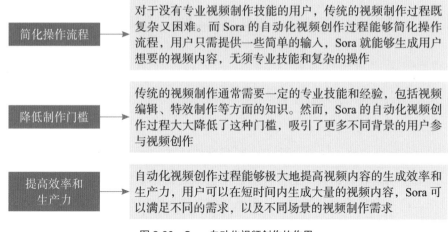

简化操作流程	对于没有专业视频制作技能的用户,传统的视频制作过程既复杂又困难。而Sora的自动化视频创作过程能够简化操作流程,用户只需提供一些简单的输入,Sora就能够生成用户想要的视频内容,无须专业技能和复杂的操作
降低制作门槛	传统的视频制作通常需要一定的专业技能和经验,包括视频编辑、特效制作等方面的知识。然而,Sora的自动化视频创作过程大大降低了这种门槛,吸引了更多不同背景的用户参与视频创作
提高效率和生产力	自动化视频创作过程能够极大地提高视频内容的生成效率和生产力,用户可以在短时间内生成大量的视频内容,Sora可以满足不同的需求,以及不同场景的视频制作需求

图 2-30 Sora 自动化视频创作的作用

2.3.2 个性化内容生成

扫码看教学视频

Sora能够根据用户输入的内容,生成个性化的视频。用户可以通过文字描述、图片或视频等方式向Sora传达自己的想法和需求,Sora会根据这些输入自动生成符合用户要求的视频内容,每个视频都独一无二,专业定制。

这种个性化内容生成能力使用户可以根据自己的喜好和需求定制视频内容,满足不同用户的个性化需求。无论是个人用户还是企业客户,都能够通过Sora生成与自己品牌形象或主题相关的独特的视频内容。

【案例 29】:一段 3D 动画场景的特写视频

扫码看案例效果

图2-31所示为OpenAI官方网站中展示的一段3D动画场景的特写视频,Sora根据用户输入的提示词,生成了一段独一无二的动画。

图 2-31 一段 3D 动画场景的特写视频

这段AI视频使用的提示词如下：

Animated scene features a close-up of a short fluffy monster kneeling beside a melting red candle. The art style is 3D and realistic, with a focus on lighting and texture. The mood of the painting is one of wonder and curiosity, as the monster gazes at the flame with wide eyes and open mouth. Its pose and expression convey a sense of innocence and playfulness, as if it is exploring the world around it for the first time. The use of warm colors and dramatic lighting further enhances the cozy atmosphere of the image.

中文大致意思为：

动画场景呈现了一个特写镜头，一个矮矮的、蓬松的怪物跪在一个熔化的红色蜡烛旁边。艺术风格是3D和逼真的，侧重于灯光和纹理。画面的情绪是充满了好奇和惊奇，怪物睁大眼睛，张开嘴巴凝视着火焰。它的姿势和表情传达出了天真无邪和好奇，好像它是第一次探索周围的世界。温暖的色彩和戏剧性的光线进一步增强了图像的温馨氛围。

下面对Sora生成的这段3D动画场景的关键词进行分析。

❶ 怪物：怪物是场景的主体之一，它具有矮矮的、蓬松的外形，形象可爱，画面突出了怪物的特征，如毛发、眼睛等，以强调角色在场景中的重要性。

❷ 蜡烛：蜡烛是场景中的焦点之一，它被描述为红色的并正在熔化，画面突出了蜡烛的熔化过程，以及火焰的光芒，为画面增添了一种温暖和舒适的氛围。

❸ 艺术风格：画面采用了3D和逼真的艺术风格，注重细节、灯光和纹理的表现，这种风格能为画面带来高度逼真的效果，增强了观众的沉浸感和观影体验。

❹ 情绪：画面的情绪是好奇和惊奇，怪物的表情和姿势传达出了天真无邪和好奇的情绪，温暖的色彩和戏剧性的光线进一步增强了画面的情绪效果，使观众能够更好地感受到场景中所传达的情感。

综上所述，这段视频呈现出了一个充满温暖和惊奇的场景，突出了怪物和蜡烛的形象，以及艺术风格的逼真表现和情绪的传达。

2.3.3　创新的技术呈现

扫码看教学视频

Sora模型在视频生成领域呈现出了创新的技术，包括模型采用的先进技术和算法，以及在视频生成过程中的技术应用和呈现方式。

作为一个视频生成模型，Sora使用了深度学习、生成对抗网络（GANs）、循环神经网络（Recurrent Neural Network，RNN）等先进技术，这些技术使Sora能够学习和理解不同类型的视频内容，从而生成高质量、多样化的视频。

此外，Sora还采用了一些特定的技术呈现方式，如动态摄像机运动、物理交互反馈等，这些技术的呈现方式使生成的视频更加生动、真实，增强了视频画面的吸引力。通过创新的技术呈现，Sora模型能够为用户提供先进的视频生成服务，满足各种不同用户的需求和偏好，为视频创作领域带来了新的可能和机遇。

第3章　Sora的优势和特点

Sora利用先进的人工智能技术，实现了自动化视频创作，为用户生成高质量、个性化的视频。它还具有多个优点，与同类产品相比，Sora具有更高水平的视频生成质量和更丰富的定制选项，同时节省了用户的时间和精力。本章主要介绍Sora的优势和特点，以及Sora的局限性与影响。

3.1 了解 Sora 的优势

当大家观看并学习了官方展示的多个Sora AI视频后，都被视频的画面惊艳到了，每一秒都充满了细节和连贯性，不仅画质清晰，而且效果逼真。本节将带领大家了解Sora的相关优势与特点，让大家更进一步地了解Sora模型。

3.1.1 长达60秒超长视频

扫码看教学视频

Sora可以生成长达60秒的超长视频，为视频制作带来了许多新的可能和机遇，这种技术的应用主要体现在以下几个方面，具体如图3-1所示。

故事叙述的延展性	长视频使故事叙述可以更加深入和详细。创作者通过更长的视频时长，可以展示更丰富的故事情节，使故事更加生动
复杂场景的呈现	长视频可以容纳更复杂、更丰富的场景。创作者可以通过长视频展示更大规模的场景、更复杂的特效和动画，从而提升视频的视觉冲击力和观赏性
创意表达的多样性	长视频的时长为创作者提供了更多的创作空间和自由度。创作者可以尝试各种不同的创意和表达方式，探索新的视觉效果和艺术风格，从而创作出更具创意和独特性的视频作品
更深层次的内容展示	长视频可以更深入地展示视频内容的细节和内涵。创作者可以通过长视频更充分地展示视频内容的背景故事、角色情感和世界观，使视频内容更加丰富和具有深度

图 3-1　长达 60 秒超长视频的相关分析

综上所述，Sora生成长达60秒的超长视频为创作者提供了更广阔的创作空间和更丰富的创作选择，助力他们创作出更具吸引力和影响力的视频作品。

【案例30】：一只狼对着月亮嚎叫的剪影

扫码看案例效果

图3-2所示为OpenAI官方网站中展示的Sora生成的一段长达60秒的超长AI视频效果。

图 3-2　一只狼对着月亮嚎叫的剪影

这段AI视频使用的提示词如下：

A beautiful silhouette animation shows a wolf howling at the moon, feeling lonely, until it finds its pack.

中文大致意思为：

一段美丽的剪影动画展现了一只狼对着月亮嚎叫的场景，狼感到了孤独，直到它找到了自己的狼群。

3.1.2　能生成高质量视频

扫码看教学视频

Sora能够生成高质量的视频，包括丰富的细节、逼真的场景和人物，以及自然流畅的动作和过渡效果，这在视频生成领域是一项重大创新。

Sora生成高质量的视频主要依靠深度学习技术、生成对抗网络技术及循环神经网络技术，这些技术的结合使得Sora能够生成具有逼真感和高质量的视频内容，为用户提供了全新的视频创作体验。

【案例31】：一段头发花白的男人的特写视频

图3-3所示为OpenAI官方网站中展示的一段头发花白的男人的特写视频。Sora生成的这段视频采用了特写镜头，聚焦在男人的面部（包括年龄、胡须和表情，表现了他的成熟和深沉的气质），以及他的服装和周围环境的细节上，画面清晰有质感，丰富的人物面部细节与逼真的场景成功地吸引了观众的眼球。

图 3-3 一段头发花白的男人的特写视频

这段AI视频使用的提示词如下：

An extreme close-up of an gray-haired man with a beard in his 60s, he is deep in thought pondering the history of the universe as he sits at a cafe in Paris, his eyes focus on people offscreen as they walk as he sits mostly motionless, he is dressed in a wool coat suit coat with a button-down shirt , he wears a brown beret and glasses and has a very professorial appearance, and the end he offers a subtle closed-mouth smile as if he found the answer to the mystery of life, the lighting is very cinematic with the golden light and the Parisian streets and city in the background, depth of field, cinematic 35mm film.

中文大致意思为：

一个60多岁、头发花白、留着胡须的男人的极端特写。他坐在巴黎的一家咖啡馆里，思考宇宙的历史，他的目光聚焦在银幕外行走的人们身上。他几乎一动不动地坐着，穿着一件羊毛大衣西装外套，搭配一件纽扣衬衫，戴着棕色贝雷帽，戴着眼镜，一副非常专业的样子，最后他露出了一个微妙的闭嘴微笑，好像发现了生命之谜的答案，灯光非常电影化，金色的光芒和背景中的巴黎街道和城市，景深，电影级35毫米胶片。

这段视频通过精细的画面呈现和氛围营造，成功地展现了男子在巴黎咖啡馆中深思的场景，表现了深刻的情感内涵。

3.1.3　能准确理解自然语言

Sora拥有深入的语言理解能力，能够准确理解用户提供的语言提示，并根据这些提示生成具有丰富情感的角色，这个功能的实现主要基于自然语言理解（Natural Language Understanding，NLU）和深度学习技术，以及应用了DALL·E 3中引入的重新字幕技术到视频。

扫码看教学视频

Sora可以分析和理解提示词中的语义、情感和意图，从而准确把握用户的要求。下面分析Sora在生成角色方面对自然语言的理解，如图3-4所示。

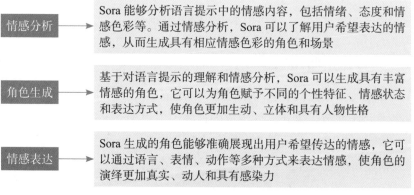

情感分析	Sora 能够分析语言提示中的情感内容，包括情绪、态度和情感色彩等。通过情感分析，Sora 可以了解用户希望表达的情感，从而生成具有相应情感色彩的角色和场景
角色生成	基于对语言提示的理解和情感分析，Sora 可以生成具有丰富情感的角色，它可以为角色赋予不同的个性特征、情感状态和表达方式，使角色更加生动、立体和具有人物性格
情感表达	Sora 生成的角色能够准确展现出用户希望传达的情感，它可以通过语言、表情、动作等多种方式来表达情感，使角色的演绎更加真实、动人和具有感染力

图 3-4　Sora 在生成角色方面对自然语言的理解

3.1.4　具有较高的分辨率

Sora可以生成高分辨率的图像与视频效果，图像分辨率可以达到2048×2048像素，具有更高的分辨率和更大的像素密度。这种图像效果适用于多种应用场景，包括印刷、数字艺术、网络图片等，能够呈现出更多的细节和更高的图像质量。

视频分辨率可以达到1920×1080或1080×1920像素，分别对应着横向和纵向的高清视频。这对视频创作非常重要，因为高分辨率的视频可以提供更清晰、更细腻的画面细节，从而提升用户的观看体验。这种视频适用于多种场景，如电视、电脑屏幕、移动设备等，能够提供良好的观看体验，相关分析如图3-5所示。

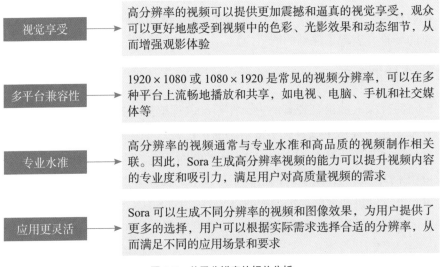

图3-5　关于分辨率的相关分析

3.1.5　世界模型的物理理解

Sora最让人惊叹的就是它的世界模型功能，通过模拟物理规律、捕捉情感和动作细节等方式，使生成的视频内容更加真实、生动和富有情感，从而让生成的视频更能引起人的情感共鸣，更具生动性，为用户带来了全新的视频创作和观影体验。

【案例32】：一只猫叫醒熟睡的主人

图3-6所示为OpenAI官方网站中展示的一段猫与女主人的视频片

扫码看案例效果

段。在这个场景中，展现了一只猫用各种方式来唤醒正在睡觉的主人，猫用爪子轻触主人的额头，而主人在被猫叫醒后试图继续睡觉，有闭眼和翻身等动作。Sora能完全理解这段视频中物体的行为，它的世界模型功能不仅能理解单个物体的行为，还能够模拟和理解物体之间的相互作用，包括物体之间的碰撞、交互、连接等情况。

图 3-6　一只猫叫醒熟睡的主人

这段AI视频使用的提示词如下：

A cat waking up its sleeping owner demanding breakfast. The owner tries to ignore the cat, but the cat tries new tactics and finally the owner pulls out a secret stash of treats from under the pillow to hold the cat off a little longer.

中文大致意思为：

一只猫叫醒熟睡的主人，要求吃早餐。主人试图忽略这只猫，但猫尝试了新的策略，最后主人从枕头下拿出秘密藏匿的零食，让猫再待一会儿。

3.2 Sora 的局限性与影响

虽然Sora生成视频的能力非常强大，但目前还存在着一些挑战和局限性，本节将对Sora的局限及带来的影响进行相关讲解。

3.2.1 Sora的挑战和局限性

Sora作为视频模型在模拟物理过程、交互行为、长时间样本处理和对象出现等方面存在一定的局限性，未来的改进方向包括提高模型对复杂物理现象的理解和模拟能力，加强模型在长时间序列处理和交互行为模拟方面的训练，改进模型的生成算法和技术，以减少不连贯性和对象自发出现等问题。

扫码看教学视频

【案例 33】: 一个人跑步的场景

图3-7所示为OpenAI官方网站中展示的一段Sora生成的人物跑步的场景。在这段视频中，人物在跑步机上跑步的方向与正确的方向相反，这是Sora混淆了提示中的空间细节，例如左右方向，导致生成的视频中的人物方向出现错误。

扫码看案例效果

图 3-7 一个人跑步的场景

这段AI视频使用的提示词如下：

Step-printing scene of a person running, cinematic film shot in 35mm.

中文大致意思为：

打印一个人跑步的场景，35毫米电影胶片。

【案例34】：五只灰狼幼崽在互相嬉戏

图3-8所示为OpenAI官方网站中展示的一段Sora生成的五只灰狼幼崽在互相嬉戏的场景。Sora在生成的视频中存在多余的动物自发出现的问题，这种问题可能与Sora的世界模型功能相关，即模型未能准确理解场景中各个实体之间的关系和位置，从而导致多余的动物自发出现在视频中。

图 3-8　五只灰狼幼崽在互相嬉戏

这段AI视频使用的提示词如下：

Five gray wolf pups frolicking and chasing each other around a remote gravel road, surrounded by grass. The pups run and leap, chasing each other, and nipping at each other, playing.

中文大致意思为：

五只灰狼幼崽在一条偏僻的碎石路上互相嬉戏、追逐，周围都是草丛。幼崽们又跑又跳，互相追逐，互相咬着、玩耍着。

3.2.2　Sora对各行业的影响

Sora模型的出现将为各行各业带来了更多的创新和机遇，推动了数字化转型和智能化的发展，提升了工作效率，增强了用户体验，促进了经济社会的持续进步。下面以图解的方式分析Sora对各行业带来的影响，如图3-9所示。

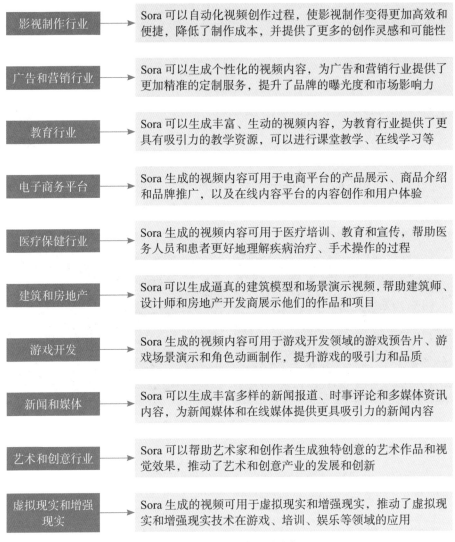

图 3-9　Sora 对各行业的影响

【案例 35】：纽约市街道的一段影视特效

图3-10所示为OpenAI官方网站中展示的Sora生成的纽约市街道的视频特效，画面中有许多鱼游来游去，营造出了一种奇幻的场景。这段视频可用于电影或短视频片段，用户通过相关提示词，即可轻松获得一段这么精彩的影视片段。

扫码看案例效果

图 3-10　纽约市街道的一段影视特效

这段AI视频使用的提示词如下：

New York City submerged like Atlantis. Fish, whales, sea turtles and sharks swim through the streets of New York.

中文大致意思为：

纽约市像亚特兰蒂斯一样被淹没，各种鱼、鲸、海龟和鲨鱼在纽约的街道上游来游去。

第4章　Sora的技术原理

Sora利用了各种先进技术，理解和模拟各种特征和场景，如物体、动作、场景等，实现了自动化的视频创作过程。本章主要介绍Sora技术原理的相关知识，让大家对Sora的技术应用有所了解。

4.1　Sora 模型的相关技术原理

Sora是OpenAI在人工智能和机器学习领域的重要成果之一，它通过自然语言理解（NLU）算法，以及各种技术的交叉应用，实现了从文本描述到视频内容的生成。本节主要介绍Sora模型的相关技术原理。

4.1.1　自然语言理解

Sora的核心功能之一是其对复杂文本输入的理解能力，Sora通过先进的自然语言理解算法，能够深入理解复杂的文本内容，并将其转化为指导视频生成的关键信息和描述，从而生成高质量的视频内容。下面进行相关分析，如图4-1所示。

扫码看教学视频

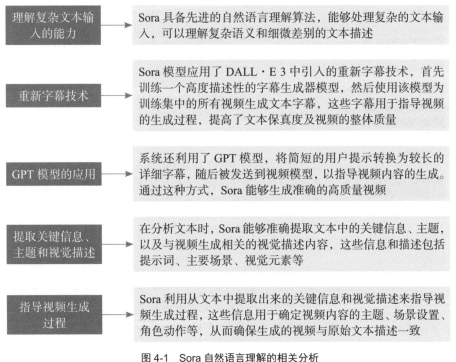

图 4-1　Sora 自然语言理解的相关分析

☆ 专 家 提 醒 ☆

Sora 优秀的语言理解能力使它能够更智能地与用户进行交互，并根据用户的语言输入进行有意义的响应和创作，这种能力为 Sora 的应用场景提供了更广泛的可能性，使它能够更好地满足用户的需求和期待。

4.1.2 场景合成和渲染

扫码看教学视频

Sora通过理解文本输入，并利用人工智能驱动的场景合成算法，将文本描述转化为连贯的视频。这一过程涉及文本理解、场景合成、布局视觉元素、动作排序和场景渲染等多个环节，最终生成符合用户预期的高质量视频，如图4-2所示。

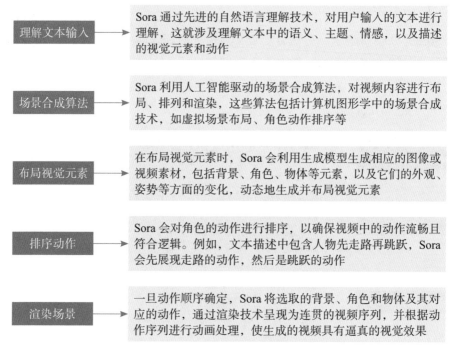

理解文本输入	Sora 通过先进的自然语言理解技术，对用户输入的文本进行理解，这就涉及理解文本中的语义、主题、情感，以及描述的视觉元素和动作
场景合成算法	Sora 利用人工智能驱动的场景合成算法，对视频内容进行布局、排列和渲染，这些算法包括计算机图形学中的场景合成技术，如虚拟场景布局、角色动作排序等
布局视觉元素	在布局视觉元素时，Sora 会利用生成模型生成相应的图像或视频素材，包括背景、角色、物体等元素，以及它们的外观、姿势等方面的变化，动态地生成并布局视觉元素
排序动作	Sora 会对角色的动作进行排序，以确保视频中的动作流畅且符合逻辑。例如，文本描述中包含人物先走路再跳跃，Sora 会先展现走路的动作，然后是跳跃的动作
渲染场景	一旦动作顺序确定，Sora 将选取的背景、角色和物体及其对应的动作，通过渲染技术呈现为连贯的视频序列，并根据动作序列进行动画处理，使生成的视频具有逼真的视觉效果

图 4-2 场景合成和渲染

☆ 专家提醒 ☆

剪映中的AI视频功能，是从现有的素材库中选择与文本描述相匹配的背景、角色、物体等视觉元素，素材来自于网络。而 Sora 生成的视频中的所有视觉元素都是通过模型重新生成的，而不是来自于预先准备的素材库。这意味着 Sora 是根据文本输入动态生成图像或视频的，而不是简单地选择现有素材库中预先准备的图像或视频。

4.1.3 人工智能驱动的动画

扫码看教学视频

Sora能够利用人工智能驱动的动画技术，生成自然、生动的动态元素和角色动作，从而为生成的视频增添活力和真实感，相关分析如图4-3所示。

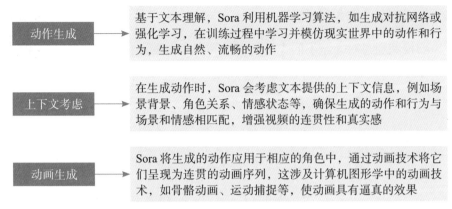

图4-3　人工智能驱动的动画技术

4.1.4　定制化和精细化

Sora的个性化定制和精细化技术协同，重塑了视频制作的过程，提升了用户体验，推动了创意实现，引领了行业的不断发展，相关分析如图4-4所示。

扫码看教学视频

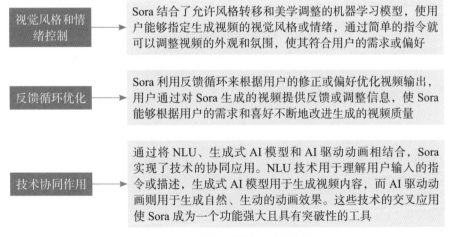

图4-4　定制化和精细化的相关分析

☆ 专家提醒 ☆

通过利用以上所述的技术，Sora准备重新定义视频制作的界限，它为创作者提供了一个强大的平台，使他们能够将自己的创意和愿景转化为高质量的视频内容，从而推动视频制作领域的进步和创新。

4.1.5　训练了大量数据

Sora模型通过对大量不同类型的文本和视频数据进行训练，进而为用户提供了更加个性化和多样化的视频内容，相关分析如图4-5所示。

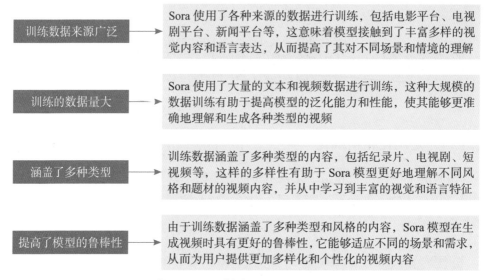

训练数据来源广泛	Sora 使用了各种来源的数据进行训练，包括电影平台、电视剧平台、新闻平台等，这意味着模型接触到了丰富多样的视觉内容和语言表达，从而提高了其对不同场景和情境的理解
训练的数据量大	Sora 使用了大量的文本和视频数据进行训练，这种大规模的数据训练有助于提高模型的泛化能力和性能，使其能够更准确地理解和生成各种类型的视频
涵盖了多种类型	训练数据涵盖了多种类型的内容，包括纪录片、电视剧、短视频等，这样的多样性有助于 Sora 模型更好地理解不同风格和题材的视频内容，并从中学习到丰富的视觉和语言特征
提高了模型的鲁棒性	由于训练数据涵盖了多种类型和风格的内容，Sora 模型在生成视频时具有更好的鲁棒性，它能够适应不同的场景和需求，从而为用户提供更加多样化和个性化的视频内容

图 4-5　Sora 进行数据训练的相关分析

4.2　Sora 的技术内容

Sora作为一个优秀的视频生成模型，拥有多项技术内容，如将视觉数据转化为补片、视频压缩网络、时空补片技术、用于视频生成的缩放变压器，以及灵活的采样能力等，下面通过对这些技术内容的讲解，帮助大家更好地了解Sora所使用的技术。

4.2.1　构建虚拟世界的模拟器

构建虚拟世界模拟器的过程涉及大规模数据的处理和模型训练，采用了先进的神经网络架构，并取得了在生成模型领域的重要进展，为创造更加真实和多样化的视频内容奠定了基础，相关分析如图4-6所示。

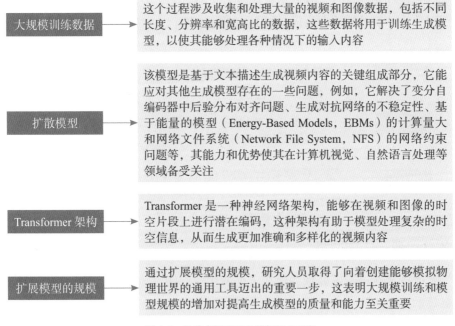

大规模训练数据	这个过程涉及收集和处理大量的视频和图像数据，包括不同长度、分辨率和宽高比的数据，这些数据将用于训练生成模型，以使其能够处理各种情况下的输入内容
扩散模型	该模型是基于文本描述生成视频内容的关键组成部分，它能应对其他生成模型存在的一些问题，例如，它解决了变分自编码器中后验分布对齐问题、生成对抗网络的不稳定性、基于能量的模型（Energy-Based Models，EBMs）的计算量大和网络文件系统（Network File System，NFS）的网络约束问题等，其能力和优势使其在计算机视觉、自然语言处理等领域备受关注
Transformer 架构	Transformer 是一种神经网络架构，能够在视频和图像的时空片段上进行潜在编码，这种架构有助于模型处理复杂的时空信息，从而生成更加准确和多样化的视频内容
扩展模型的规模	通过扩展模型的规模，研究人员取得了向着创建能够模拟物理世界的通用工具迈出的重要一步，这表明大规模训练和模型规模的增加对提高生成模型的质量和能力至关重要

图 4-6　构建虚拟世界的模拟器的过程

4.2.2　视觉数据的创新转化

研究团队受到大语言模型（Large Language Model，LLM）在处理互联网规模数据和培养全能技能方面的成功经验的启发。LLM通过使用tokens的方式实现了多种模态间的无缝转换，这种方法在处理文本、代码和数学等多种形式数据时表现出色。

研究团队尝试将类似的优势应用于视觉数据的生成模型中，他们引入了视觉领域的对应物：视觉补片（patches，也称为时空补片），如图4-7所示。这是一种高效的视觉数据表现形式，可以有效地改善模型处理图像和视频数据的效率和性能。

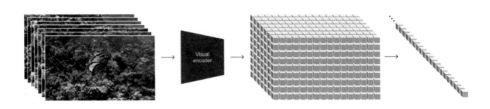

图 4-7　视觉补片

视觉补片是一种将视频数据转换为更简洁、更易于处理的形式的方法。下面分析视觉补片技术的处理流程，如图4-8所示。

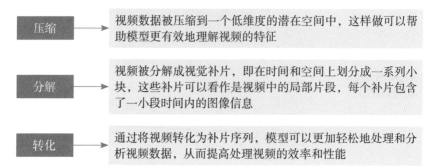

图 4-8 视觉补片技术的处理流程

4.2.3 视频压缩网络

这项技术通过降维处理和潜在表征的生成，为Sora模型提供了一种有效的训练方法，使其能够从压缩的潜在空间中生成新的视频内容，并通过解码器将其还原为可视化的视频图像。

下面对视频压缩网络的技术流程进行相关分析，如图4-9所示。

扫码看教学视频

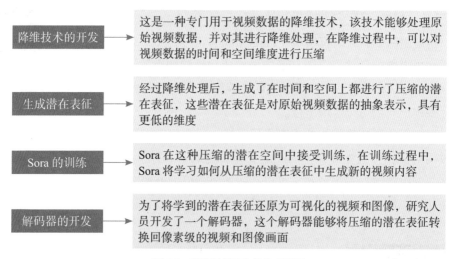

图 4-9 视频压缩网络的技术流程

4.2.4 时空补片技术

时空补片技术为Sora模型提供了一种有效的处理压缩后的视频输入的方式，使其能够灵活地适应各种不同类型和尺寸的视频和图像输

扫码看教学视频

入，并生成符合用户需求的视频内容。下面对时空补片技术进行相关分析，如
图4-10所示。

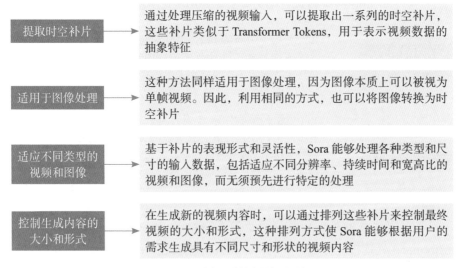

图4-10　时空补片技术的相关分析

4.2.5　变压器（Transformer）

扫码看教学视频

在架构方面，Sora模型采用了先进的变压器（Transformer），它
能够接受带有噪声的图像块作为输入，通过学习图像块之间的关系，
可以从损坏或含有噪声的图像中恢复出原始的、清晰的图像，如图4-11所示。

 →  →

图4-11　从含有噪声的图像中恢复出原始的、清晰的图像

Transformer是一种高效的神经网络架构，广泛用于处理序列数据（如自然
语言文本），并且在语言建模、计算机视觉和图像生成等领域都取得了显著的
成果。

☆ 专家提醒 ☆

相比于传统的循环神经网络（Recurrent Neural Network，RNN）和长短期记忆网

络（Long Short-Term Memory，LSTM），Transformer 模型具有更好的并行化和长距离依赖建模能力。

下面对Transformer架构进行相关分析，如图4-12所示。

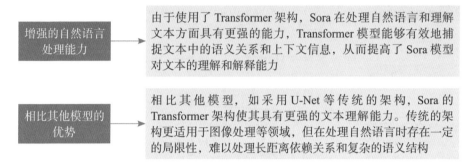

| 增强的自然语言处理能力 | 由于使用了 Transformer 架构，Sora 在处理自然语言和理解文本方面具有更强的能力，Transformer 模型能够有效地捕提文本中的语义关系和上下文信息，从而提高了 Sora 模型对文本的理解和解释能力 |
| 相比其他模型的优势 | 相比其他模型，如采用 U-Net 等传统的架构，Sora 的 Transformer 架构使其具有更强的文本理解能力。传统的架构更适用于图像处理等领域，但在处理自然语言时存在一定的局限性，难以处理长距离依赖关系和复杂的语义结构 |

图 4-12 对 Transformer 架构进行相关分析

需要大家注意的是，Sora属于扩散型Transformer，研究人员发现扩散型Transformer在处理视频方面也表现出了良好的扩展性。研究人员通过比较固定种子和输入的视频样本，展示了随着训练计算量的增加，样本质量的显著提高。

【案例 36】：一只狗在户外玩耍的视频

图4-13所示为OpenAI官方网站中展示的3段Sora生成的小狗在户外玩耍的视频效果，分别为基础计算、4倍计算及32倍计算下的视频画面效果。

基础计算

扫码看案例效果

4 倍计算

扫码看案例效果

32 倍计算

扫码看案例效果

图 4-13 不同计算量下的视频画面效果

通过图4-13的展示，可以看出随着训练的进行，模型的性能得到了改善，从而为视频生成任务提供了更好的结果。这项研究为了解扩散型Transformer在处理视频数据时的效果提供了重要见解。

4.2.6　灵活的采样能力

扫码看教学视频

Sora模型在视频生成方面具有灵活的采样能力，可以生成不同宽高比的视频，包括宽屏1920×1080和垂直1080×1920，以及介于两者之间的所有尺寸。

【案例37】：一只乌龟在水里游来游去

图4-14所示为OpenAI官方网站中展示的3段Sora生成的一只乌龟游泳的视频效果，包括竖屏9∶16、正方形1∶1及宽屏16∶9这3种不同的视频尺寸，完美展现了Sora模型灵活的采样能力。

扫码看案例效果　　　扫码看案例效果　　　　　　扫码看案例效果

图4-14　3段不同尺寸的视频效果

综上所述，Sora可以根据不同设备和平台的需求直接创建适配的内容，无须进行额外的调整。Sora能够以较小的尺寸快速制作出原型内容，这有助于在生成全分辨率视频之前进行快速的实验和迭代。最重要的是，这一切都是通过同一个模型实现的，这凸显了Sora在处理不同视频生成任务时的统一性和高效性。

4.2.7　优化的构图和布局

扫码看教学视频

研究人员发现，在训练视频生成模型时，使用原始视频的宽高比进行训练，模型可以更好地理解视频中的内容并进行适当的布局，能够显著提升视频的构图与布局质量。下面进行相关分析，如图4-15所示。

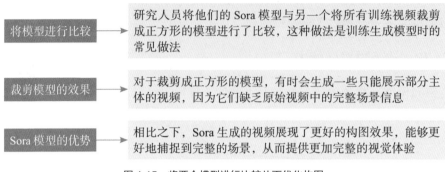

将模型进行比较	研究人员将他们的 Sora 模型与另一个将所有训练视频裁剪成正方形的模型进行了比较，这种做法是训练生成模型时的常见做法
裁剪模型的效果	对于裁剪成正方形的模型，有时会生成一些只能展示部分主体的视频，因为它们缺乏原始视频中的完整场景信息
Sora 模型的优势	相比之下，Sora 生成的视频展现了更好的构图效果，能够更好地捕捉到完整的场景，从而提供更加完整的视觉体验

图4-15 将两个模型进行比较从而优化构图

【案例38】：一个人在海底进行潜水

图4-16所示为OpenAI官方网站中展示的两段视频效果，左图是被裁剪成正方形的模型生成的效果，仅展示了部分主体内容；右图是Sora生成的视频效果，在取景和构图方面效果更好。

扫码看案例效果

扫码看案例效果

图 4-16 两段视频的对比效果

这样的比较和分析，有助于强调在训练视频生成模型时考虑原始视频宽高比的重要性，以及使用原始宽高比训练的模型在构图和取景方面的优势。

第5章　Sora创作的基础

用户通过在Sora中输入相应的文本描述、图片或者视频，可以使Sora根据要求生成相应的视频画面。在使用Sora创作之前，用户需要先了解AI文案、AI绘画及短视频创作的基础知识，这些是Sora创作的基础，可以帮助用户更好地输入文本描述，获得需要的图片或视频素材。

5.1　AI文案的基础知识

通过对前面几章的学习，相信读者已经了解，只有输入精准的提示词才能让Sora生成理想的视频效果，知道了提示词的重要性后，用户就可以准备相应的提示词文案了。但是，对于刚开始接触视频制作的用户，创作文案并不是一件轻松的事，此时用户可以借助AI来完成这项工作。

另外，利用Sora可以生成高清的图像作品，还可以利用Sora进行图生视频。如果希望通过提示词获得理想的图片素材，也需要掌握AI文案的相关知识。本节主要介绍AI文案的基本概念、发展、原理及特点等。

5.1.1　了解AI文案的概念

AI文案是由人工智能技术生成的营销或宣传文本，通过强大的AI智能技术，可以将人们的想法轻松变成文字内容，如图5-1所示，它是一种由机器自动生成的文案，只需用户输入提示词或者句子，就能自动得到一篇符合用户想法和要求的文案。

图5-1　AI文案

在Sora的视频创作中，一个好的文案可以让Sora生成更为详细、丰富的图像或视频画面。但文案创作需要丰富的写作技巧和经验，对许多产品和服务来说具有一定的难度，这时AI文案工具就能够帮助人们解决这一系列的难题。

5.1.2　了解AI文案的发展

随着人工智能技术的不断发展，AI文案自动生成技术也在不断演进。从最初的简单模板填充到现在的深度学习模型，AI文案自动生成技术已经实现了从语法、句法到语义的全面覆盖。AI文案的发展历程可以追溯到20世纪50年代，以下是一些重要的里程碑，如图5-2所示。

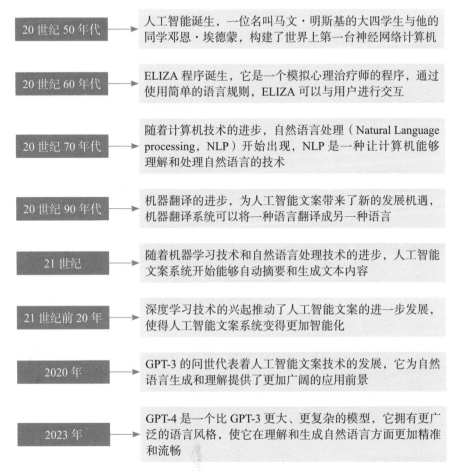

20 世纪 50 年代	人工智能诞生，一位名叫马文·明斯基的大四学生与他的同学邓恩·埃德蒙，构建了世界上第一台神经网络计算机
20 世纪 60 年代	ELIZA 程序诞生，它是一个模拟心理治疗师的程序，通过使用简单的语言规则，ELIZA 可以与用户进行交互
20 世纪 70 年代	随着计算机技术的进步，自然语言处理（Natural Language processing，NLP）开始出现，NLP 是一种让计算机能够理解和处理自然语言的技术
20 世纪 90 年代	机器翻译的进步，为人工智能文案带来了新的发展机遇，机器翻译系统可以将一种语言翻译成另一种语言
21 世纪	随着机器学习技术和自然语言处理技术的进步，人工智能文案系统开始能够自动摘要和生成文本内容
21 世纪前 20 年	深度学习技术的兴起推动了人工智能文案的进一步发展，使得人工智能文案系统变得更加智能化
2020 年	GPT-3 的问世代表着人工智能文案技术的发展，它为自然语言生成和理解提供了更加广阔的应用前景
2023 年	GPT-4 是一个比 GPT-3 更大、更复杂的模型，它拥有更广泛的语言风格，使它在理解和生成自然语言方面更加精准和流畅

图 5-2　AI 文案的发展历程

5.1.3　学习AI文案生成的原理

AI文案生成的原理是基于自然语言处理和机器学习技术，通过大量的文本数据进行学习和训练，逐渐识别和理解人类的语言模式，通过分析用户提供的主题和提示词，进行自动推理，从而生成各种高质量的文章、段落或句子等。

扫码看教学视频

具体来说，AI文案的生成过程通常包括以下几个步骤，如图5-3所示。

图 5-3 AI 文案的生成过程

5.1.4 掌握AI文案的特点

AI文案是使用自然语言生成技术的一种应用，其目的是通过人工智能写作来解决用户在生活和工作中遇到的文案创作难题，为用户提供高效且省力的文案写作方法。总体来说，AI文案具有以下7个特点，如图5-4所示。

扫码看教学视频

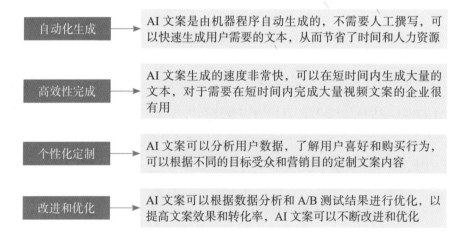

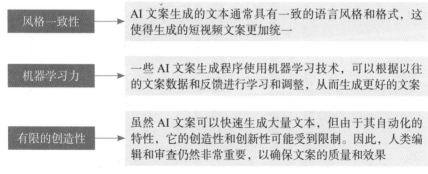

风格一致性	→	AI 文案生成的文本通常具有一致的语言风格和格式，这使得生成的短视频文案更加统一
机器学习力	→	一些 AI 文案生成程序使用机器学习技术，可以根据以往的文案数据和反馈进行学习和调整，从而生成更好的文案
有限的创造性	→	虽然 AI 文案可以快速生成大量文本，但由于其自动化的特性，它的创造性和创新性可能受到限制。因此，人类编辑和审查仍然非常重要，以确保文案的质量和效果

图 5-4　AI 文案的特点

5.2　AI 绘画的基础知识

在Sora中生成视频时，用户不仅可以输入提示词文案，还可以输入图片素材，让Sora以图生视频。那么，如何才能获得理想的图片素材呢？此时可以借助相应的AI绘画工具进行作画，生成理想的图片素材。本节主要介绍AI绘画的基础知识。

5.2.1　了解AI绘画的概念

扫码看教学视频

AI绘画是指利用人工智能技术（如神经网络、深度学习等）进行绘画创作的过程，它是由一系列算法设计出来的，通过训练和输入数据，进行图像生成与编辑的过程，这是一种新型的绘画方式。

使用AI技术，可以将人工智能应用到艺术创作中，让AI程序去完成艺术的绘制部分。人工智能通过学习人类艺术家创作的作品，并对其进行分类与识别，然后生成新的图像。只需输入简单的指令，就可以让AI自动化地生成各种类型的图像，从而创造出具有艺术美感的绘画作品。

【案例39】：一只猫趴在窗户旁边

图5-5所示为DALL·E 3生成的一只猫趴在窗户旁边的图片，画面清晰有质感。用户在使用提示词生成图像时，可以提供想要生成对象的详细描述，包括外观、特征、颜色及形状等，这些文案内容可以通过ChatGPT进行生成操作。

图 5-5　AI 绘画效果

这张AI图片使用的提示词如下：

一只长毛猫，毛茸茸的，有着灰色的被毛，趴在窗户旁边，窗外正在下雨。

☆ 专 家 提 醒 ☆

2021 年 1 月份，OpenAI 发布了第一代 DALL·E 模型，它能够利用深度学习技术，理解输入的文字提示，并据此创造出符合用户描述的独特图片。如今，OpenAI 已经发布了第三代的 DALL·E，也就是 DALL·E 3，并承诺与 ChatGPT 集成，用户在 ChatGPT 4 中即可使用。

【案例 40】：一张高原雪山的照片

AI绘画主要分为两步，第一步是对图像进行分析与判断，第二步是对图像进行处理和还原。人工智能通过不断的学习，如今已经达到只需输入简单易懂的文字，就可以在短时间内得到一张效果不错的画面，甚至能根据使用者的要求来对画面进行改变和风格调整。图5-6所示为图片风格调整前与调整后的效果对比。

图 5-6　调整前与调整后的画面

左侧这张AI图片使用的提示词如下：

一张高原雪山的照片，峰峦叠嶂，采用风景摄影风格，背景宁静，拥有全景视角，精确细致地呈现，自然光线，色彩鲜艳，仿佛真实再现。

右侧这张AI图片使用的提示词如下：

一张高原雪山的照片，峰峦叠嶂，采用风景摄影风格，背景宁静，拥有全景视角，精确细致地呈现，自然光线，夕阳余晖的金色光芒，色彩鲜艳，有光泽，柔和的棕褐和深蓝色，仿佛真实再现。

☆ 专 家 提 醒 ☆

AI绘画的优势不仅体现在提高创作效率和降低创作成本上，还在于为用户带来了更多的可能性。

5.2.2　了解AI绘画的发展

早在20世纪50年代，人工智能的先驱们就开始研究计算机如何产生视觉图像，但早期的实验主要集中在简单的几何图形和图案的生成方面。随着计算机性能的提高，人工智能开始涉及更复杂的图像处理和图像识别任务，如图5-7所示，研究者们开始探索将机器视觉应用于艺术创作当中。

扫码看教学视频

图 5-7　AI 绘画复杂图像处理

直到生成对抗网络的出现，AI绘画的发展速度开始逐渐加快。随着深度学习技术的不断发展，AI绘画开始迈向更高的艺术水平。由于神经网络可以模仿人类大脑的工作方式，它们能学习大量的图像和艺术作品，并将其应用于新的艺术作品中。

如今，AI绘画的应用越来越广泛。除了绘画和艺术创作，它还可以应用于游戏开发、虚拟现实及3D建模等领域。同时，也出现了一些AI绘画的商业化应用，例如将AI生成的图像印制在画布上进行出售。

总之，AI绘画是一个快速发展的领域，在提供更高质量设计服务的同时，将全球的优秀设计师与客户联系在一起，为设计行业带来了创新性的变化，未来还有更多探索和发展的空间。

5.2.3　学习AI绘画的原理

扫码看教学视频

前面简单介绍了AI绘画的技术特点，下面将深入探讨AI绘画的技术原理，帮助大家进一步了解AI绘画，这有助于大家更好地理解AI绘画是如何实现绘画创作的，以及它如何通过不断的学习和优化来提高绘画质量。

1. 生成对抗网络技术

AI绘画主要基于生成对抗网络（GANs）技术生成绘画作品，GANs是一种无监督学习模型，可以模拟人类艺术家的创作过程，从而生成高度逼真的图像效果。

生成对抗网络是一种通过训练两个神经网络来生成逼真图像的算法。其中，生成器（Generator）网络用于生成图像，判别器（Discriminator）网络用于判断图像的真伪，并反馈给生成器网络。

生成对抗网络的目标是通过训练两个模型的对抗学习，生成与真实数据相似的数据样本，从而逐渐生成越来越逼真的艺术作品。GANs模型的训练过程可以简单描述为以下几个步骤，如图5-8所示。

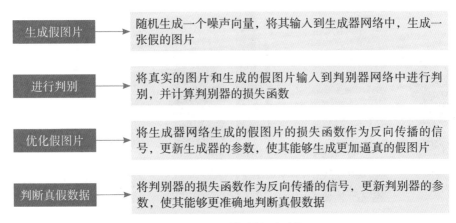

图 5-8　GANs 模型的训练过程

GANs模型的优点在于能够生成与真实数据非常相似的假数据，同时具有较高的灵活性和可扩展性。

2. 卷积神经网络技术

卷积神经网络（GNN）可以对图像进行分类、识别和分割等，同时也是实现风格转换和自适应着色的重要技术之一。卷积神经网络在AI绘画中起着重要的作用，主要表现在以下几个方面。

（1）图像分类和识别：CNN可以对图像进行分类和识别，通过对图像进行卷积（Convolution）和池化（Pooling）等操作，提取出图像的特征，最终进行分类或识别。在AI绘画中，CNN可以用于对绘画风格进行分类，或者对图像中的不同部分进行识别和分割，从而实现自动着色或图像增强等操作。

（2）图像风格转换：CNN可以通过将两个图像的特征进行匹配，实现将一张图像的风格应用到另一张图像上。在AI绘画中，可以通过CNN实现将一个艺术家的绘画风格应用到另一个图像上,生成具有特定艺术风格的图像。

（3）图像生成和重构:CNN可以用于生成新的图像,或者对图像进行重构。在AI绘画中,可以通过CNN实现对黑白图像的自动着色,或者对图像进行重构和增强,提高图像的质量和清晰度。

（4）图像降噪和杂物去除:在AI绘画中,可以通过CNN实现去除图像中的噪点和杂物,从而提高图像的质量和视觉效果。图5-9所示为去除图像右侧杂物的前后效果对比。

图 5-9　去除图像右侧杂物前后效果对比

☆ 专 家 提 醒 ☆

总之,卷积神经网络作为深度学习的核心技术之一,在 AI 绘画中具有广泛的应用场景,为 AI 绘画的发展提供了强大的技术支持。

3. 转移学习技术

转移学习又称为迁移学习（Transfer Learning）,它是将已经训练好的模型应用于新的领域或任务中的一种方法,可以提高模型的泛化能力和效率。

转移学习是指利用已经学过的知识和经验来帮助解决新的问题或任务的方法,因为模型可以利用已经学到的知识来帮助解决新的问题,而不必从头开始学习,大大提高了AI的学习效率。

转移学习通常可以分为以下3种类型,如图5-10所示。

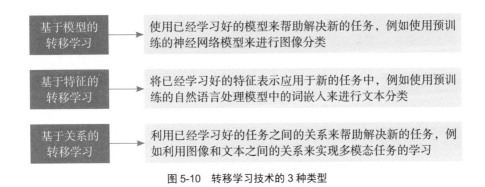

图 5-10　转移学习技术的 3 种类型

☆ 专 家 提 醒 ☆

转移学习技术在许多领域中都有广泛的应用，例如计算机视觉、自然语言处理和推荐系统等。

4. 图像分割技术

图像分割是将一张图像划分为多个不同区域的过程，每个区域具有相似的像素值或者语义信息。图像分割在计算机视觉领域一直都有广泛的应用，例如目标检测、自动着色、图像语义分割、医学影像分析、图像重构等。图像分割的方法可以分为以下几类，如图5-11所示。

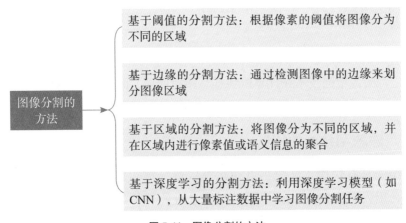

图 5-11　图像分割的方法

在实际应用中，基于深度学习的分割方法往往具有较好的表现效果，尤其是在语义分割等高级任务中。同时，对于特定领域的图像分割任务，如医学影像分割，还需要结合领域知识和专业的算法来实现更好的效果。

5. 图像增强技术

图像增强是指对图像进行增强操作，使其更加清晰、明亮、色彩更鲜艳或更加易于分析。图像增强技术可以改善图像的质量，提高图像的可视性和识别性。图5-12所示为常见的图像增强方法。

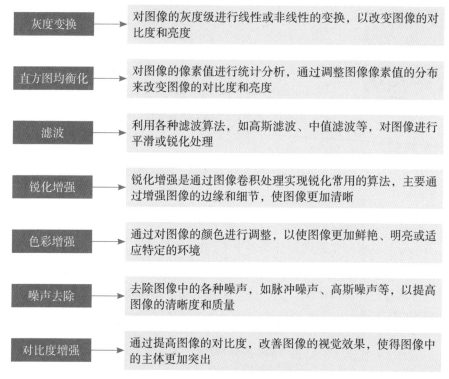

灰度变换	对图像的灰度级进行线性或非线性的变换，以改变图像的对比度和亮度
直方图均衡化	对图像的像素值进行统计分析，通过调整图像像素值的分布来改变图像的对比度和亮度
滤波	利用各种滤波算法，如高斯滤波、中值滤波等，对图像进行平滑或锐化处理
锐化增强	锐化增强是通过图像卷积处理实现锐化常用的算法，主要通过增强图像的边缘和细节，使图像更加清晰
色彩增强	通过对图像的颜色进行调整，以使图像更加鲜艳、明亮或适应特定的环境
噪声去除	去除图像中的各种噪声，如脉冲噪声、高斯噪声等，以提高图像的清晰度和质量
对比度增强	通过提高图像的对比度，改善图像的视觉效果，使得图像中的主体更加突出

图 5-12　常见的图像增强方法

总之，图像增强技术在计算机视觉、图像处理、医学影像处理等领域都有着广泛的应用，可以帮助改善图像的质量和性能，提高图像处理的效率。

5.2.4　熟悉AI绘画的特点

AI绘画具有快速、高效、自动化等特点，它的技术特点主要在于能够利用人工智能技术和算法对图像进行处理和创作，实现艺术风格的融合和变换，提升用户的绘画创作体验。AI绘画的技术特点包括以下几个方面。

扫码看教学视频

（1）图像生成：利用生成对抗网络、变分自编码器等技术生成图像，实现从零开始创作新的艺术作品。

（2）风格转换：利用卷积神经网络等技术可以将一张图像的风格转换成另一张图像的风格，从而实现多种艺术风格的融合和变换，满足不同用户的需求。

【案例41】：一只松鼠在城市废墟中

图5-13所示为使用AI工具创作的一只松鼠在城市废墟中寻找食物的图片，上图为写实的画风，下图为像素艺术风格。

图 5-13　AI 创作不同风格的松鼠

这张AI图片使用的提示词如下：

一张超写实的图片，描绘了一只松鼠在城市废墟中寻找食物，在树枝上。

（3）自适应着色：利用图像分割、颜色填充等技术，让计算机自动为线稿或黑白图像添加颜色和纹理，从而实现图像的自动着色。

（4）图像增强：利用超分辨率（Super-Resolution）、去噪（Noise Reduction Technology）等技术，可以大幅提高图像的清晰度和质量，使得艺术作品更加逼真、精细。

（5）监督学习和无监督学习：利用监督学习（Supervised Learning）和无监督学习（Unsupervised Learning）等技术，对艺术作品进行分类、识别、重构、优化等处理，从而实现对艺术作品的深度理解和控制。

5.3 视频创作的基础知识

对于短视频，脚本的作用与电影中的剧本类似，不仅可以用来确定故事的发展方向，还可以提高Sora生成短视频的效率和质量，同时还可以指导短视频的后期剪辑。在使用Sora生成短视频之前，先学习视频脚本的作用和创作流程。

5.3.1 了解视频脚本的作用

视频脚本主要用于指导Sora生成理想的视频内容，从而提高工作效率，并保证AI视频的质量。图5-14所示为视频脚本的作用。

扫码看教学视频

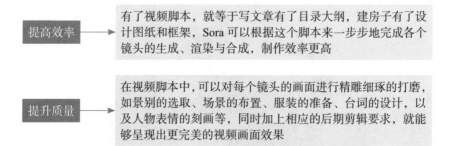

图 5-14 视频脚本的作用

5.3.2 视频脚本的创作流程

在正式开始创作视频脚本前，需要做好一些前期准备，将视频画面的整体思路确定好，同时制定一个基本的创作流程。图5-15所示为编写视频脚本的相关流程。

扫码看教学视频

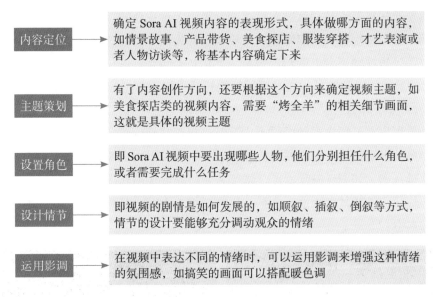

内容定位 ➜ 确定 Sora AI 视频内容的表现形式，具体做哪方面的内容，如情景故事、产品带货、美食探店、服装穿搭、才艺表演或者人物访谈等，将基本内容确定下来

主题策划 ➜ 有了内容创作方向，还要根据这个方向来确定视频主题，如美食探店类的视频内容，需要"烤全羊"的相关细节画面，这就是具体的视频主题

设置角色 ➜ 即 Sora AI 视频中要出现哪些人物，他们分别担任什么角色，或者需要完成什么任务

设计情节 ➜ 即视频的剧情是如何发展的，如顺叙、插叙、倒叙等方式，情节的设计要能够充分调动观众的情绪

运用影调 ➜ 在视频中表达不同的情绪时，可以运用影调来增强这种情绪的氛围感，如搞笑的画面可以搭配暖色调

图 5-15　视频脚本的创作流程

5.3.3　优化视频脚本的内容

扫码看教学视频

脚本是短视频立足的根基，当然，短视频脚本不同于微电影或者电视剧的剧本，用户不用写太多复杂多变的镜头景别，而应该多安排一些反转、反差或者充满悬疑的情节，来勾起观众的兴趣。同时，短视频的节奏很快，信息点很密集，因此每个镜头的内容都要在脚本中交代清楚。下面介绍短视频脚本的一些优化技巧，帮助大家创作出更优质的脚本。

1. 站在观众的角度思考

要想用Sora做出真正优质的短视频作品，用户需要站在观众的角度去思考脚本内容的策划。比如，观众喜欢看什么东西、当前哪些内容比较受观众的欢迎，以及什么样的视频让观众看着更有感觉等。

2. 设置冲突和转折的剧情

在策划短视频的脚本时，用户可以设计一些反差感强烈的转折场景，通过这种高低落差的安排，能够形成十分明显的对比效果，为短视频带来新意，同时也为观众带来更多笑点。短视频中的冲突和转折能够让观众产生惊喜感，同时对剧情的印象更加深刻，刺激他们去点赞和转发。

3. 收集优质视频进行模仿

短视频的灵感来源，除了靠自身的创意想法，用户也可以多收集一些热梗，这些热梗通常自带流量和话题属性,能够吸引大量观众的点赞。

用户可以将短视频的点赞量、评论量、转发量作为筛选依据,找到并下载抖音、快手等短视频平台上的热门视频,然后进行模仿,在Sora中以文生视频,让Sora生成类似的视频效果,通过模仿轻松打造出属于自己的优质短视频作品。

4. 模仿精彩的影视片段

如果用户在策划短视频的脚本内容时,很难找到创意,也可以去翻拍和改编一些经典的影视作品。用户在寻找视频素材时,可以去豆瓣等电影平台上找到各类影片排行榜(如图5-16所示),将排名靠前的影片都列出来,然后去其中搜寻经典的片段,包括某个画面、台词、人物造型等内容,都可以将其用到自己的短视频脚本中。

图 5-16 豆瓣电影排行榜

第6章 Sora的脚本文案

利用人工智能生成短视频文案是如今互联网时代的一大流行趋势，并且随着研究的深入，其传播与应用会越来越广泛，因此了解Sora的脚本文案是十分必要的。为此，本章对一些AI文案工具进行了介绍，并对Sora的脚本创作进行了详细讲解，让大家对其有一定的了解，帮助大家轻松生成各种Sora AI短视频脚本文案。

6.1 了解脚本文案写作工具

要想在Sora中制作出精彩的视频，首先需要非常详细的脚本文案，即提示词。上一章介绍了AI文案的基础知识，本节将介绍AI脚本文案的相关写作工具，这是用于脚本文案写作方面的智能编辑器，主要用于文案创作、剧情编写、角色创作、脚本撰写等与文字书写相关的工作，不仅高效且有一定的参考价值。本节将介绍一些实用的AI写作工具。

6.1.1 ChatGPT

ChatGPT是一种基于人工智能技术的聊天机器人，它使用了自然语言处理和深度学习等技术，可以进行自然语言的对话，回答用户提出的各种问题，如图6-1所示，并提供相关的信息和建议。

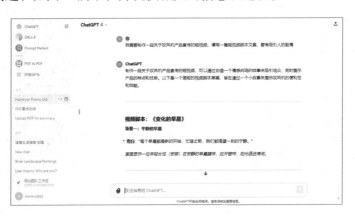

图 6-1 ChatGPT 能够回答用户提出的各种问题

ChatGPT的核心算法基于生成式预训练转换模型（Generative Pre-trained Transformer，GPT）模型，这是一种由人工智能研究公司OpenAI开发的深度学习模型，可以生成自然语言的文本。

ChatGPT可以与用户进行多种形式的交互，例如文本聊天、语音识别、语音合成等。ChatGPT可以应用在多种场景中，例如客服、语音助手、教育、娱乐等，帮助用户解决问题，提供娱乐和知识服务。

6.1.2 文心一言

文心一言平台是一个面向广大用户的文学写作工具，它提供了各种文学素材和写作指导，帮助用户更好地进行文学创作。图6-2所示为使用文心一言生成的作文。在文心一言平台上，用户可以利用人工智能技术生成与主题相关的文案，包括句子、段落、故事情节、人物形象描述等，帮助用户更好地理解主题和构思作品。

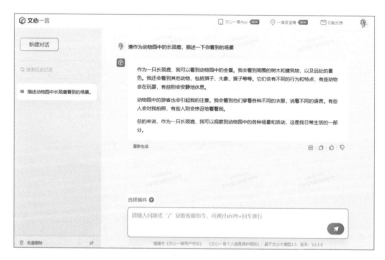

图6-2　使用文心一言生成的作文

此外，文心一言平台还提供了一些写作辅助工具，如情感分析、词汇推荐、排名对比等，让用户可以更全面地了解自己的作品，并对其进行优化和改进。同时，文心一言平台还设置了创作交流社区，用户可以在这里与其他作家分享自己的作品，交流创作心得，获取反馈和建议。

总的来说，百度飞桨的文心一言平台为广大文学爱好者和写作者提供了一个非常有用的AI工具，帮助他们更好地进行文学创作。

6.1.3　通义千问

扫码看教学视频

通义千问平台是阿里云推出的一个超大规模的语言模型，具有多轮对话、文案创作、逻辑推理、多模态理解、多语言支持等功能。通义千问平台由阿里巴巴内部的知识管理团队创建和维护，包括大量的问答对和相关的知识点。

据悉，阿里巴巴的所有产品都将接入通义千问大模型，进行全面改造。通义千问支持自由对话，可以随时打断、切换话题，能根据用户的需求和场景随时生成内容。同时，用户可以自己的行业知识和应用场景，训练自己的专属大模型。

通义千问平台使用了人工智能技术和自然语言处理技术，使得用户可以使用自然语言进行问题的提问，同时系统能够根据问题的语义和上下文，提供准确的答案和相关的知识点。这种智能化的问答机制不仅提高了用户的工作效率,还可以减少一些重复性工作和人为误差。图6-3所示为使用通义千问写的文章。

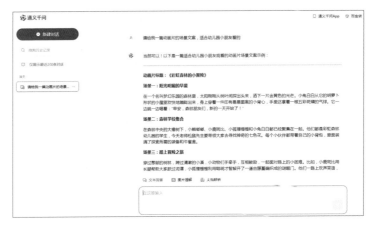

图 6-3　使用通义千问写的文章

总之,通义千问是一个专门响应人类指令的语言大模型,它可以理解和回答各种领域的问题,包括常见的、复杂的甚至是少见的问题。

6.1.4　腾讯Effidit

腾讯高效智能编辑(Efficient and Intelligent Editing,Effidit)是腾讯AI Lab(人工智能实验室)开发的一款创意辅助工具,可以提高用户的写作效率和创作体验。Effidit的功能包括智能纠错、短语补全、文本续写、句子补全、短语润色、例句推荐、论文检索、翻译等。图6-4所示为腾讯Effidit的文本续写功能示例。

扫码看教学视频

图 6-4　腾讯 Effidit 的文本续写功能示例

腾讯Effidit有两大特色，一是页面简单、干净，整体色调以白色为主，给人舒适感，且功能分模块展示，选项简单，便于操作；二是功能较多，提供关键词生成句子、句子改写与续写、文本纠错与润色等一站式写作服务，实用性很强。

6.1.5 Friday AI

Friday AI是一款智能生成内容的工具，能够帮助文字工作者轻松地进行原创。Friday AI涉猎社媒写作、短视频、电商、营销广告、文学等多个领域，提供文本的改写、翻新、批量生成，AI绘画描述词生成，自定义输入，小红书文案生成，营销软文写作，论文大纲，短视频文案等多种内容模板，满足不同的用户需求。

扫码看教学视频

图6-5所示为利用Friday AI生成的小红书景点游览的文案示例；图6-6所示为利用Friday AI的"自定义输入"功能生成的一篇关于秋游的短视频文案示例。

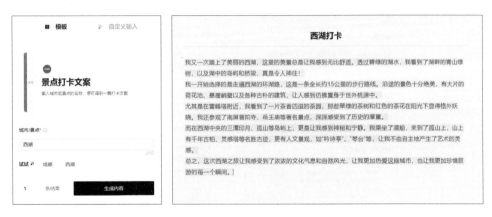

图 6-5　Friday AI 生成的小红书景点打卡文案示例

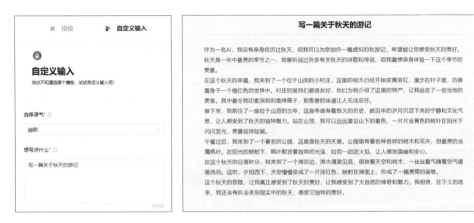

图 6-6　利用 Friday AI "自定义输入" 功能生成的文案示例

6.1.6 AI创作王

与上述AI工具的功能相差无几，AI创作王也是一款致力于内容创作的智能工具，分为"社媒创作""商业营销""工作效率"和"生活娱乐"4大功能区。这些功能区聚集了热门文案的写作需求和不同场景下的文案需求，如"社媒创作"功能区中提供了小红书文案的拟写、今日头条文章的撰写、一键生成微博推文、短视频口播稿的创作等，力求帮助有需要的人解决工作难题，提高工作效率。

AI创作王的优势一是功能覆盖面广，包括社媒、营销、办公和生活娱乐等多种内容创作，能够满足大多数场景需求；二是通过手机的公众号窗口便可操作，方便快捷。图6-7所示为AI创作王生成的短视频脚本示例。

图 6-7 AI 创作王生成的短视频脚本示例

6.2 创作 Sora 脚本文案

本节主要向读者介绍利用ChatGPT 4.0来生成创意丰富的Sora视频脚本文案的方法，从而创作出吸引人的短视频，主要包括策划短视频主题文案、创建短视频脚本文案、生成分镜头脚本文案等内容。

6.2.1　策划短视频主题文案

扫码看教学视频

用户可以在ChatGPT中通过输入相关主题、情节、角色、对话等信息，来启发ChatGPT生成创意丰富的短视频脚本。这样，用户就能够更快地创作出吸引人的短视频，提高短视频的质量和观众的参与度。创作短视频的目的是吸引观众的注意力，传达信息和情感，因此用户首先要策划一个好的视频主题。

【案例42】：策划电视机产品宣传的主题

下面以案例的形式介绍策划电视机产品宣传视频主题的方法。

步骤01 在输入框中输入相应的指令，按【Enter】键发送，便可以得到ChatGPT生成的回复，相关指令和回复的内容如下。

RI 提问

我需要制作一段关于电视机宣传的短视频，请给我10个视频主题的建议。

ChatGPT

制作关于电视机宣传的短视频时，可以考虑以下10个视频主题的建议。

1. 创新技术介绍：介绍电视机采用的最新技术，如4K、8K分辨率，HDR技术，OLED/LED屏幕技术等，以及这些技术如何提升观众的观看体验。

2. 智能互联功能展示：展示电视机的智能功能，如语音控制、智能家居集成、应用程序支持、在线流媒体服务接入等。

3. 设计亮点：聚焦电视机的设计亮点，包括超薄边框、独特的支架设计、材质的选择等，突出其美学和空间适应性。

4. 环保节能特性：强调电视机在节能减排方面的努力，如低功耗模式、环保材料的使用等，展示企业的社会责任感。

5. 家庭娱乐中心：通过家庭场景模拟，展示电视机如何成为家庭娱乐中心，包括电影之夜、体育赛事观看、游戏玩耍等多功能使用场景。

6. 影音质量对比：制作视觉对比视频，展示使用该电视机与其他电视机在画质、声音质量等方面的区别。

7. 用户评价与反馈：集合真实用户的评价和反馈，展示消费者如何看待这款电视机，以及它如何改善他们的观看体验。

8. 安装与设置指南：提供简明扼要的安装和设置指南，展示电视机的易用性，包括智能设备连接、Wi-Fi设置等。

9. **多场景应用**：展示电视机在不同场景下的应用，如客厅的家庭影院、卧室的私人影院，甚至是商业场所如健身房或酒吧的公共显示屏。

10. **未来展望**：讨论电视技术未来的发展方向，如更高的分辨率、更深的色彩、AI技术的整合等，展现品牌的前瞻性和创新精神。

步骤 02 从上面列举的10个主题中选择一个，让ChatGPT拟定视频标题，试着让ChatGPT加入一些数字，这样更有说服力，相关指令和回复内容如下。

RI 提问

根据"设计亮点：聚焦电视机的设计亮点，包括超薄边框、独特的支架设计、材质的选择等，突出其美学和空间适应性"，帮我写10个热门的短视频标题，并在其中加一些数字。

ChatGPT

1. 超薄边框设计大揭秘：5款顶级电视机的美学比拼。

2. 2024年10大独特电视机支架设计，美观与实用兼得。

3. 材质革命：7种高端电视机材质，打造未来家居。

4. 3分钟看懂电视机如何与现代家居完美融合。

5. 前所未有的观感：8K电视机的超薄边框设计探秘。

6. 空间艺术：5个步骤打造极简主义电视观看空间。

7. 2024年度必看：顶级设计师推荐的10款电视机。

8. 4种电视机材质对比，哪一款最适合你的家？

9. 独家揭晓：6款电视机设计背后的故事。

10. 极致美学：探索电视机设计中的数字与线条之美。

需要用户注意的是，即使在ChatGPT中输入相同的指令，按【Enter】键确认后，ChatGPT每次生成的回复内容都会有所区别。

6.2.2　创建短视频脚本文案

上一节讲解了如何生成短视频的主题，接下来即可让ChatGPT根据主题去生成详细的视频脚本内容。

扫码看教学视频

【案例43】：创建电视机产品宣传的视频脚本

下面以案例的形式介绍创建电视机产品宣传视频脚本的方法。

步骤01 在输入框中输入相应的指令，按【Enter】键发送，便可以得到ChatGPT生成的回复，相关指令和回复的内容如下。

RI 提问

根据"材质革命：7种高端电视机材质，打造未来家居"这个标题，写一个抖音短视频脚本，语气自然、轻松。

ChatGPT

【开场】：画面显示一系列高端电视机的迷人细节镜头。

旁白："你知道吗？电视机不仅仅是家庭娱乐的中心，它还能成为提升你家居美学的艺术品。今天，我们来探索7种令人惊叹的高端电视机材质，这些材质正引领着家居设计的未来。"

【材质1：金属合金】：画面切换到一款闪着金属光泽的电视机。

【材质2：玻璃】：展示一款表面光滑如镜的电视机。

【材质3：碳纤维】：画面展示一款采用碳纤维材质的轻盈电视机。

【材质4：木材】：展示木质纹理丰富的电视机背板。

【材质5：陶瓷】：展示一款陶瓷质感的电视机。

【材质6：透明聚合物】：画面展示一款近乎透明的电视机。

【材质7：合成皮革】：展示一款外观包裹着合成皮革的电视机。

【结尾】：画面回到所有材质的电视机轮播展示。

【结束画面】：画面淡出，同时显示"关注我们，探索更多家居美学"。

这个脚本设计的目的是通过介绍各种电视机材质的特点和美学价值，来吸引观众的注意力，并激发他们对家居设计的兴趣。旁白的语气自然、轻松，旨在打造一种亲切和轻松的观看体验。

步骤02 让ChatGPT展开详细的叙述，ChatGPT即可生成更加详细的脚本文案。

RI 提问

请对"【材质3：碳纤维】：画面展示一款采用碳纤维材质的轻盈电视机"展开详细的叙述。

ChatGPT

【材质3：碳纤维】

画面缓缓展开，首先出现的是一片漆黑的背景。随后，一束聚焦的光线慢慢照亮一款设计精美的电视机。这款电视机的最大亮点在于它的材质——碳纤维。碳纤维以其黑色的光泽和纹理，给人一种高科技和现代的感觉，同时也显得格外轻盈和坚固。

接下来展示电视机不同角度下的细节，可以看到碳纤维纹理在灯光下闪烁着微妙的光泽，展现出独有的美学特质。

接着，画面展示了一组对比，一边是传统材质的电视机，一边是碳纤维电视机，通过一系列的测试展示碳纤维的轻盈和耐用性。

最后，画面慢慢淡出，留下一句话："选择碳纤维材质的电视机，不仅是为了它的外观和轻盈，更是为了那份对未来科技生活方式的追求。"

6.2.3 生成分镜头脚本文案

扫码看教学视频

分镜头脚本文案是用来描述短视频中每一个镜头内容和细节的文稿，通常包含景别、运镜、台词或对白、道具、节奏、画面描述、背景音乐等要素。用户在生成分镜头脚本文案时，可以根据具体的需求来安排这些要素。

【案例44】：一篇猫和老鼠的分镜头脚本文案

下面向读者介绍运用ChatGPT生成分镜头脚本文案的具体方法。

步骤01 在ChatGPT的输入框中输入对话前提，按【Enter】键发送，便可以得到ChatGPT生成的回复，相关指令和回复内容如下。

RI 提问

分镜头脚本文案是什么？

ChatGPT

分镜头脚本是电影、电视剧、动画、广告等影视作品前期制作的重要组成部分。它是一种将脚本中的场景、动作、表情、镜头切换等细节通过绘画的形式具体化的视觉文档，通常配合文字说明使用。分镜头脚本帮助导演和制作团队更好地理解和规划影片的视觉效果和叙事节奏，是沟通创意和实际拍摄之间的桥梁。分镜头脚本文案主要包括以下内容：

1. **场景描述**：详细描述每一个场景的设置、环境、时间（如白天或夜晚）、气氛等。

2. **角色动作**：描述场景中角色的具体动作、表情和动态变化。

3. **对白和声音**：包括角色的对话、旁白、背景音乐及任何重要的声效。

4. **镜头指示**：指出采用的镜头类型（如长镜头、特写镜头）、移动方式（如平移、跟随）、角度和镜头切换的时机。

5. **特效说明**：如果场景中包含特效，还需要说明特效的类型和使用方式。

制作分镜头脚本是一个细致且创造性的过程，需要编剧、导演和美术设计师等多方合作，确保脚本中的创意和情感得以准确传达并最终呈现在屏幕上。通过分镜头脚本，制作团队能够在实际拍摄前对作品进行充分的预视和规划，从而提高拍摄效率，控制成本，提升作品的质量。

步骤 02 为ChatGPT设定一个身份，让其根据身份属性完成任务，相关指令和回复的内容如下。

RI 提问

你是一名专业的动画编导，正在写一个关于猫和老鼠的动画脚本，场景发生在一家酒馆里，开篇5秒迅速吸引人的眼球，中间有反转，结尾有惊喜，文案侧重于动作表达。脚本用表格的形式呈现以下内容：分镜序号、画面描述、对话台词。

ChatGPT

以下是关于猫和老鼠在酒馆里发生的动画脚本的分镜头脚本文案，采用表格形式展现。

分镜序号	画面描述	对话台词
1	酒馆外观，夜晚，灯光温暖，看似宁静	
2	一只猫悄悄地从窗口进入酒馆，眼神警惕	
3	酒馆内部，老鼠正在吧台上欢快地跳舞，完全没有注意到猫的出现	
4	猫的脸上露出狡黠的笑容	
5	猫悄无声息地接近正在跳舞的老鼠，准备偷袭	

续表

分镜序号	画面描述	对话台词
6	老鼠突然转身，手里拿着一把小刀，指向猫	"想吃我？先问问这把刀答不答应！"
7	猫愣住，随后两者展开一场追逐战，桌子上的酒杯和瓶子被打翻，一片混乱	
8	追逐战持续，酒馆内一片狼藉	
9	老鼠跳上吊灯，猫试图跳跃抓住，但未成功，猫落地时吊灯掉下来正好落在猫头上	
10	猫晕倒在地，头上的吊灯发出闪亮的光芒，老鼠在一旁得意地跳舞	"下次再来，希望你能戴个头盔！"
11	酒馆恢复了平静，老鼠继续在吧台上跳舞，猫则一动不动，昏迷不醒	"干杯！我们的胜利。"

这个脚本以迅速吸引观众眼球的开场、中间的反转和结尾的惊喜为特点，强调了动作表达，为观众提供了一个既有趣又充满惊喜的故事。

6.3 生成 5 类 AI 视频文案

AI视频文案因其表达内容和写作手法的不同，表现为不同的类型，例如互动体验类、情节叙事类、干货分享类、影视解说类及电商广告类。用户在运用ChatGPT生成Sora视频文案时，可以结合其类型来撰写关键词。

☆ 专 家 提 醒 ☆

关键词也称为提示词、关键字、描述词、输入词、代码等，网上大部分用户也将其称为"咒语"。在本书中，关键词与提示词属于同一个意思。

6.3.1 互动体验类视频文案

互动体验类视频文案是指在视频中用于描述、引导和激发受众参与互动的文字内容，最主要的目的是吸引受众的注意力，并引导受众积极参与视频中的活动。

扫码看教学视频

【案例 45 】：一篇"火锅店开业"的视频文案

运用ChatGPT生成互动体验类视频文案，需要用户输入具体的需求和恰当的关键词，具体操作方法如下。

步骤01 在ChatGPT的输入框中输入对话前提，确认ChatGPT是否了解互动体验类视频文案，相关指令和回复的内容如下。

提问

什么是互动体验类视频文案？

ChatGPT

互动体验类视频文案是指为那些设计来与观众进行互动的视频而撰写的脚本或文案。这类视频允许观众通过各种方式对内容产生影响，例如通过评论、投票、做出选择或其他互动形式来改变视频的故事走向、结果或体验。互动体验类视频文案的核心目的是提高观众的参与度和沉浸感，让观众成为视频故事的一部分，而不仅仅是被动的观看者。

步骤02 在ChatGPT的输入框中输入具体需求，相关指令和回复的内容如下。

提问

请为主题"火锅店开业"，提供一篇完整的互动体验类视频文案，字数在150~300字。

ChatGPT

火锅店开业互动体验视频文案

镜头1：画面缓缓推进，展示一家新开业的火锅店，店面装饰喜庆。

旁白："欢迎光临香香锅店！今天，我们带来了一次独特的开业体验。"

镜头2：展示火锅料品和多样的锅底选择。

旁白："为了庆祝开业，我们准备了一个特别的挑战。你将决定我们今天的特色锅底！"

互动选择

选项A："麻辣火锅"——展示麻辣锅底，辣椒和香料的特写。

选项B："番茄火锅"——展示番茄锅底，新鲜番茄和汤底的特写。

选项C："清汤火锅"——展示清汤锅底，清澈汤底和草药的特写。

旁白："请在评论区投票选择你最想尝试的锅底，是麻辣、番茄还是清汤呢？"

镜头3：根据观众的投票结果，展示被选中的锅底准备过程。

旁白："看！你的选择正在被我们准备。感谢你成为我们开业庆典的一部分。"

镜头4：服务员将火锅送到客人桌上，客人们开心地享用。

旁白："香香火锅感谢每一位朋友的参与。不要忘记关注我们，更多美味等你来发现！"

这份文案通过让观众参与选择火锅店的特色锅底，增加了观众的参与感和对新店的好奇心，同时也为火锅店的开业营造了热烈和亲民的氛围。

6.3.2 情节叙事类视频文案

扫码看教学视频

情节叙事类视频文案是指以讲故事的形式来描述视频内容的文字，这类文案通常借助镜头语言呈现出现实生活或反衬、映射现实生活，以讲故事的方式引人入胜。

情节叙事类视频文案的题材内容包括但不限于亲情、爱情、友情等关乎人类情感的故事。现今，在各大短视频平台中，最热门的情节叙事类视频文案是创作者虚构的爱情故事，将其作为视频脚本，用镜头的方式呈现出来。

【案例46】：一篇关于男女主角邂逅的视频文案

用户运用ChatGPT生成情节叙事类短视频文案时，也可以先让ChatGPT虚构一个故事，然后让ChatGPT将故事改成视频脚本，具体操作方法如下。

步骤01 让ChatGPT虚构一个男女主角邂逅的故事，相关指令和回复的内容如下。

RI 提问

提供一个关于男女主角邂逅的故事，包括比较独特的场景、人物对话和心理独白，字数控制在200字以内。

⑤ ChatGPT

在一个摆满古董书的小店内，男主角因一本罕见的诗集而与女主角不期而遇。女主角轻声道："这本书是我童年的记忆。"男主角回望，双眼交汇，他微笑着说："那么，它应该属于你。"交换了微笑，他们并肩而坐，翻阅那些黄页，共享沉默与回忆。男主角心想："这一刻，仿佛时间静止，或许，这就是命中注定。"女主角则在心中默念："遇见他，就像是书页间跳跃出的诗句，意外而美好。"就这样，在书香与字句间，一个关于缘分与理解的故事悄然展开。

步骤 02 让ChatGPT将所虚构的故事生成视频脚本，相关指令和回复的内容如下。

RI　提问

将上述故事用镜头脚本的方式呈现出来，镜头脚本要以表格的方式呈现以下内容：分镜序号、画面描述、对话台词。

⑤　ChatGPT

以下是根据您的要求制作的镜头脚本内容：

分镜序号	画面描述	对话台词
1	镜头缓缓推进，展示一个摆满古董书的温馨小店	
2	男主角在书架前仔细挑选，手中拿着一本古旧的诗集	
3	女主角走近，注意到男主角手中的书，目光柔和	这本书是我童年的记忆
4	两人目光交汇，女主轻声开口，男主回以微笑	那么，它应该属于你
5	他们并肩坐下，翻看书页，周围一片宁静	（心理独白）男主：这一刻，仿佛时间静止，或许，这就是命中注定
6	画面拉远，两人在书堆中小声交谈，笑容满面	（心理独白）女主：遇见他，就像是书页间跳跃出的诗句，意外而美好

这个镜头脚本简洁地展现了故事的情节，通过画面描述和对话台词，营造了一个温馨而又意味深长的场景。

6.3.3　影视解说类视频文案

扫码看教学视频

影视解说类视频文案是指对简要介绍电影、电视剧情节的视频内容进行描述的文字，这类文案一般用语幽默、简洁，具有概括性，能够高度凝练剧集内容，并以最短的时间和最快的速度传达给受众。

【案例47】：一篇关于《头号玩家》的视频文案

下面介绍运用ChatGPT生成影视解说类视频文案的具体操作方法。

步骤 01 在ChatGPT的输入框中输入对话前提，确保ChatGPT了解影视解说类视频文案，相关指令和回复的内容如下。

RI 提问

什么是影视解说类视频文案?

ChatGPT

影视解说类视频文案是指为影视作品(如电影、电视剧、纪录片等)制作的解说或为评论视频所准备的文本材料。这种文案通常包括以下几个方面的内容。

1. 内容概述:介绍影视作品的主题、故事情节、背景设置等,为观众提供作品的基本信息。

2. 人物分析:对影视作品中的主要人物进行分析,包括人物性格、发展变化、与其他人物的关系等。

3. 情节解读:深入解读影视作品中的关键情节,包括情节的发展、转折点、高潮等,以及这些情节对整体故事的影响。

4. 主题探讨:分析影视作品所探讨的主题和寓意,如社会问题、人性探索、道德思考等。

5. 评价与观点:提供对影视作品的个人评价和看法,包括作品的优点、缺点、创新之处等。

6. 制作背景:介绍影视作品的制作背景,包括导演、编剧、演员等幕后制作团队的信息,以及作品的拍摄地、制作过程中的趣事等。

影视解说类视频文案用于帮助观众更好地理解和欣赏影视作品,同时提供有深度的分析和独到的见解,增加观影的趣味性和思考性。

步骤 02 让ChatGPT生成正式的影视解说类视频文案,相关指令和回复的内容如下。

RI 提问

提供影视解说类视频文案,主题为简要概括《头号玩家》的电影剧情,要用吸引人、幽默的语言来概括,字数在400字以内。

ChatGPT

《头号玩家》,一部让你在沙发上跑酷的电影,带你穿梭于虚拟与现实的双重奇幻之旅。故事设定在2045年,现实世界已经变得人人自危,但幸好有个名为"绿洲"的虚拟世界,让人们能在其中逃避现实、实现梦想。主角韦德,一个平凡至极的少年，却在这个虚拟宇宙中展现了不平凡的勇气和智慧。

一场由"绿洲"创始人遗留下来的宝藏狩猎游戏，不仅吸引了全世界的玩家，也让韦德成为万众瞩目的中心。游戏规则简单却异常艰难：找到三把钥匙，解开最终谜题，赢者为王。听起来像是在寻找针一样的任务，但韦德和他的小伙伴们凭借着对"绿洲"创始人生平的深入了解，一步步揭开了谜题。

然而，这场游戏并不只是虚拟世界的儿戏，现实中的恶势力也在虎视眈眈，想要通过控制"绿洲"来控制世界。韦德从一开始的逃避现实，到最后勇敢面对，不仅在游戏中找到了宝藏，更在现实中找到了勇气和友情。

《头号玩家》用一场场眼花缭乱的视觉盛宴，讲述了一个关于成长、爱与勇气的故事。这部电影证明了，无论是在虚拟世界还是在现实世界，真正的宝藏其实一直都在我们心中。所以，戴上你的VR头盔，准备进入这场奇妙的冒险吧！不过，别忘了现实世界中的爆米花和可乐，那可是任何虚拟世界都无法复制的美味哦！

6.3.4 电商广告类视频文案

扫码看教学视频

电商类视频文案是指在电商平台上发布的针对商品推广或品牌宣传的短视频中的描述文字，它的目的是通过简洁明了的语言表达，引导观众完成购买行为。

【案例48】：一篇关于美食团购的视频文案

下面介绍运用ChatGPT生成电商广告类视频文案的具体操作方法。

步骤01 在输入框中输入相应的指令，ChatGPT即可生成相应的电商广告类视频文案，相关指令和回复的内容如下。

RI 提问

为一个夜宵店的美食团购短视频创作标题文案和内容文案，字数在300字以内。

ChatGPT

标题文案

"深夜食堂，开启你的味蕾奇遇！限时团购，错过等一年！"

内容文案

夜幕降临，夜空繁星点点，是时候让我们的深夜食堂点亮你的味蕾。这里有让人回味无穷的地道美食，从麻辣烫的热辣到烧烤的香酥，每一口都是对美好生活的赞歌。特别推出限时团购活动，只为给夜归人温暖。

想象一下，深夜回家的路上，一盏温暖的灯光，一顿美味的夜宵，不仅可以填饱肚子，更能温暖心房。我们精选了多种经典美食，无论是独自享用还是与朋友分享，都能找到你的那份特别。现在加入团购，即享超值优惠，美味不等人！

别让夜晚成为孤单和寂静的代名词，让我们的夜宵成为你深夜的陪伴。记住，美味是有时限的，错过今晚，你可能要等到下一个不眠夜。快来加入我们的团购，一起探索深夜食堂的秘密，开启属于你的味蕾奇遇吧！

步骤 02 还可以让ChatGPT将生成的文案改写成分镜头脚本，更便于视频的生成与制作，相关指令和回复的内容如下。

RI 提问

将上述文案用分镜头脚本的方式呈现出来，以表格的方式呈现分镜序号、画面描述等内容。

ChatGPT

分镜序号	画面描述
1	夜幕降临，城市的灯光逐渐亮起，镜头缓慢移动穿过繁忙的街道，展现夜晚的城市
2	切换到一家热闹的夜宵店前，店铺灯光温暖、明亮，吸引着路人的目光
3	镜头内展示各式各样的夜宵美食，从麻辣烫的蒸汽到烧烤的火光，细节丰富，色彩鲜明
4	镜头捕捉顾客品尝美食时满足的表情，人们围坐在一起，分享美食，氛围热闹
5	出现一个手持手机的镜头，手机屏幕上显示着夜宵店的团购页面和倒计时优惠，提示限时团购活动
6	镜头切换到夜晚回家的场景，一个人走在回家的路上，路边是那家温暖的夜宵店
7	顾客进入夜宵店，被各式美食吸引，镜头捕捉他们选购美食的场景
8	镜头再次展示满桌的美食，人们相聚一堂，举杯共饮，笑声和谈话声充满画面
9	结束画面，出现"错过今晚，你可能要等到下一个不眠夜"的文字提示，随后是"快来加入我们的团购，开启属于你的味蕾奇遇"的鼓励语

这个镜头脚本通过视觉元素和情感连接，吸引观众的注意力，同时传达了夜宵店的热闹场面和团购活动的紧迫感。

第7章　GPT提示词篇

　　Sora的以文生图功能是指通过文字生成相应的图片效果，用户还可以从其他AI绘图平台获取图片作为Sora的素材，以此来制作相应的Sora AI视频。那么，要如何撰写描述图片的提示词呢？这里我们要用到一个非常重要的工具——ChatGPT。本章主要介绍通过ChatGPT获取图片提示词的方法，提升文本内容的优化技巧。

7.1 获取图片提示词的方法

用户使用ChatGPT输入一些描述语句可以获得想要的提示词或文本,复制下来粘贴到Sora、DALL·E 3或者Midjourney当中,然后使用命令和参数就能生成相应的绘画作品,实现以文生图。使用Sora的以图生视频功能,输入的图片可以是在Sora中生成的,也可以是其他来源的图片。本节主要介绍获取图片提示词的方法。

7.1.1 提问的注意事项

扫码看教学视频

在向ChatGPT提问时,正确的提示词提问技巧和注意事项也至关重要。下面向大家介绍如何更快、更准确地获取需要的信息,如图7-1所示。

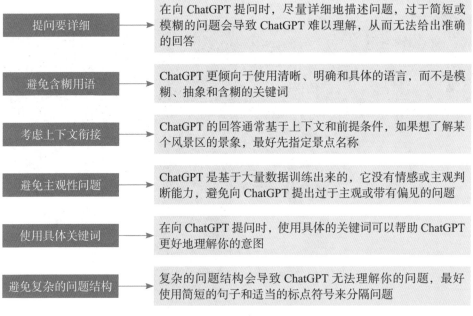

提问要详细	在向 ChatGPT 提问时,尽量详细地描述问题,过于简短或模糊的问题会导致 ChatGPT 难以理解,从而无法给出准确的回答
避免含糊用语	ChatGPT 更倾向于使用清晰、明确和具体的语言,而不是模糊、抽象和含糊的关键词
考虑上下文衔接	ChatGPT 的回答通常基于上下文和前提条件,如果想了解某个风景区的景象,最好先指定景点名称
避免主观性问题	ChatGPT 是基于大量数据训练出来的,它没有情感或主观判断能力,避免向 ChatGPT 提出过于主观或带有偏见的问题
使用具体关键词	在向 ChatGPT 提问时,使用具体的关键词可以帮助 ChatGPT 更好地理解你的意图
避免复杂的问题结构	复杂的问题结构会导致 ChatGPT 无法理解你的问题,最好使用简短的句子和适当的标点符号来分隔问题

图 7-1 向 ChatGPT 提问的注意事项

7.1.2 直接获取提示词

扫码看教学视频

ChatGPT是一个根据预训练数据进行响应的语言模型,它无法直接分析输入并主动获取提示词。然而,当用户提供具体的提示词或问题时,ChatGPT可以利用训练和知识来提供相关的信息和回答。

【案例49】：获取一幅小狗图像的提示词

例如，你想创作一幅小狗的图像，但是不知道该如何撰写提示词，此时可以通过ChatGPT来获取提示词内容，具体操作步骤如下。

步骤01 在输入框中输入相应的指令，按【Enter】键发送，便可以得到ChatGPT生成的回复，相关指令和回复的内容如下。

RI 提问

我需要使用AI工具绘制一只可爱的小狗，请给我关于这幅图像的提示词。

ChatGPT

为了获取生成一幅可爱的小狗图像的提示词，我们可以考虑以下提示词和元素。

·种类：选择一种通常被认为可爱的小狗种类，比如比熊、柯基、泰迪、金毛寻回犬幼犬等。

·表情：确保小狗有一个可爱的表情，比如开心的笑容、好奇的眼神或者轻轻歪头。

·姿势：让小狗处于一个可爱的姿势，比如蹲坐、趴着或者玩耍的瞬间。

·颜色和纹理：选择温暖和柔和的颜色范围，以及细腻的毛发纹理来增加可爱感。

·背景：选择一个简单而温馨的背景，可以是家里、草地或带有玩具的场景。

·配饰：考虑给小狗添加一些可爱的配饰，如领巾、帽子或者小玩具，但要确保它们不会分散对小狗的注意力。

将这些元素结合起来，我们就能获取既可爱又吸引人的小狗图像的描述。

步骤02 继续输入相应的指令，希望ChatGPT给出具体的提示词描述，相关指令和回复的内容如下。

RI 提问

请结合以上元素，直接给我提示词。

ChatGPT

基于您的要求和之前讨论的元素，以下是一个为生成可爱小狗图像的详细提示词描述。

· **种类**：柯基幼犬。

· **表情**：开心笑容。

· **姿势**：轻轻歪头。

· **颜色和纹理**：柔和的棕色和白色，细腻的毛发纹理。

· **背景**：温馨的家里场景，带有柔和的光线。

· **配饰**：脖子上绑着一块颜色鲜艳的小领巾。

这些提示词将帮助用户绘制一个充满温暖、可爱且具有吸引力的小狗。

7.1.3　生成同类提示词

扫码看教学视频

如果需要同类提示词，可以在提示词的基础上，添加或修改一些常见的前缀，以生成更多相关的提示词。

【案例50】：获取一幅泰迪熊狗图像的提示词

例如，你还想获取一幅泰迪熊狗的图像的提示词，相关指令和回复的内容如下。

RI　提问

请给我关于绘制一只可爱的泰迪熊狗的具体提示词。

ChatGPT

为了绘制一只可爱的泰迪熊狗的图像，我们可以聚焦于以下细节和特征的提示词。

· **种类**：泰迪熊狗，以其蓬松的毛发和圆润的外形而闻名。

· **面部表情**：展现了一个温柔的表情，比如大眼睛含着期待的眼神，以及轻轻上扬的嘴角。

· **毛发**：蓬松的毛发，颜色是淡棕色或奶油色，确保毛发看起来柔软而有光泽。

· **姿势**：选择一个让泰迪熊狗看起来既活泼又可爱的姿势，比如坐着抬头望向镜头，或者轻轻倚靠着一些东西，如玩具或软垫。

· **背景**：使用一个简单且温馨的背景，可以是室内的一个角落，配有柔和的色彩和温暖的光线，或者户外的自然景观，如草地。

· **配饰**：可以为泰迪熊狗添加一些可爱的配饰，如颈部的蝴蝶结、颜色鲜艳的领带或者头上的小帽子，以增添其可爱的外观。

这些提示词结合起来，可以帮助绘制出一只既可爱又让人想要抱抱的泰迪熊狗。

7.1.4　查找长尾提示词

长尾提示词在AI绘图中的作用主要是帮助绘图工具或算法更准确地理解用户的意图，从而生成更符合用户需求的图像。长尾提示词通常指那些不太常见但对特定用户或领域非常重要的提示词或短语。

扫码看教学视频

【案例51】：生成极简主义的长尾提示词

用户可以使用ChatGPT查找长尾提示词，输入相关的主题或基础提示词，并获取与之相关的长尾提示词建议，长尾提示词的选择与目标受众、内容需求和网站定位相匹配，相关指令和回复的内容如下。

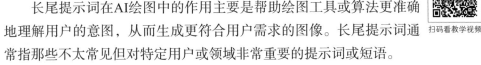

RI　提问

请给我极简主义的长尾提示词。

ChatGPT

极简主义作为一种艺术和设计风格，强调的是以最少的元素达到最大的效果。在创作或描述极简主义作品时，使用长尾提示词可以帮助AI更精确地传达这种风格的特点。以下是一些与极简主义相关的长尾提示词。

1. 极简主义家居设计灵感：专注于家居设计中的极简主义风格，强调空间的开阔感、简洁的线条，以及功能性与美观性的平衡。

2. 极简生活方式减少杂物：探索如何通过去除不必要的物品和杂物来简化生活空间和日常生活，实现更加专注和有意义的生活方式。

3. 极简艺术作品的特点：描述极简艺术作品中常见的特点，如使用限制的色彩、简单的形状和几何图形，以及如何通过这些元素传达深层次的意义和情感。

4. 极简主义摄影技巧：涉及如何在摄影中应用极简主义原则，包括选择简洁的背景、突出主题的技巧，以及通过减少视觉元素来增强作品的视觉冲击力。

5. 极简主义图形设计原则：探索在图形设计中应用极简主义原则，如如何使用最少的颜色和形状来打造强烈的视觉效果，以及如何通过简化设计来提高信息的清晰度和可读性。

6. 极简风格的时尚穿搭指南: 提供如何通过简约的服装选择和配饰来打造极简风格穿搭的建议, 强调质量超过数量, 以及如何通过少量精选的单品实现多种搭配方式。

这些长尾提示词不仅涵盖了极简主义在不同领域的应用, 也反映了极简主义如何影响我们的生活方式、艺术欣赏和设计思维。

7.1.5 获取LSI提示词

扫码看教学视频

LSI (Latent Semantic Indexing) 提示词, 也叫 "潜在语义索引", 意思是与主关键字在语义上相关的提示词。与传统的提示词提取方法不同, LSI提示词不仅是单词, 更是术语, 这些单词或术语能够反映文本的实际语义。

【案例52】: 获取中国画的LSI提示词

LSI是一种用于自然语言处理的技术, 大家可以将LSI运用到ChatGPT当中, 相关指令和回复的内容如下。

🔘 提问

生成关于中国画的LSI提示词。

💠 ChatGPT

LSI可以帮助AI理解文本之间的语义关系, 生成关于中国画的LSI提示词可以帮助AI描述和理解 "中国画" 这一主题。以下是一些可能的LSI提示词。

1. 国画

2. 传统绘画

3. 水墨画

4. 中国艺术

5. 线条与笔墨

6. 山水画

7. 花鸟画

8. 抽象与写实

9. 传统技法

10. 艺术传承

11. 文人雅士

12. 情感表达

13. 文化内涵

14. 艺术风格

相对于传统的提示词提取方法，LSI提示词提取更准确，因为它考虑了文本中单词的语义和相关性。因此，LSI提示词在搜索引擎优化、信息检索和自然语言处理等领域得到了广泛应用。

7.1.6　获取语义相同的提示词

扫码看教学视频

聚类语义相同的提示词是一种文本数据处理技术，将具有相似语义特征的提示词归为一类，这种聚类方法可以帮助我们发现相关主题、分析文本数据及提取关键信息等。通过聚类语义相同的提示词，我们可以更好地理解文本数据中的主题和模式，并从中获得洞察和知识，我们可以将它运用到ChatGPT当中。

【案例53】：为视频场景聚类语义提示词

例如，先给ChatGPT提供一篇文章，主要描述一个女人走在充满霓虹灯的街道中的场景，在文章的末尾加上"对以上文章聚类语义相同的提示词"，相关指令和回复的内容如下。

RI 提问

……相关文章内容……
对以上文章聚类语义相同的提示词。

⑤ ChatGPT

这段关于走在充满霓虹灯的街道中的女人的场景描述，可以聚类出以下语义相同的提示词：霓虹灯、街道、女人、色彩、光芒、美丽、舞动、行走、身姿、光影、繁华、漫步、街头、视觉享受、璀璨。

这些提示词共同构成了整个场景的氛围和情感，展现了女人在霓虹灯街道中的迷人形象，以及周围环境的丰富细节。

7.1.7 通过数字进行正确提问

扫码看教学视频

在向ChatGPT进行提问前，要注意提示词的运用技巧，提问时要在问题中指定具体的数字，描述要精准，这样可以得到更满意的回答。

【案例54】：生成5段长沙美食的描述

例如，我们需要5段关于长沙美食的描述内容，其中"5段"就是具体的数字，"长沙美食"就是精准的地点描述，相关指令和回复的内容如下。

 提问

请提供5段关于长沙美食的描述内容。

ChatGPT

1. 在长沙繁华的街道上，一股诱人的香味扑鼻而来，沁人心脾。一家老字号的辣子鸡摊位前，浓浓的辣椒香与香料的混合气味弥漫在空气中。摊主熟练地翻动着锅中的鸡块，火候恰到好处，散发出诱人的香气，吸引着食客们络绎不绝地前来品尝。

2. 在长沙一条小巷深处，一家传统的米粉店显得格外热闹。店内弥漫着米粉的清香，让人垂涎欲滴。一碗碗白如雪的米粉配以鲜嫩的肉片和鲜美的汤汁，每一口都充满了家乡的味道，让人回味无穷。

3. 在长沙的湘菜馆里，一盘盘色彩鲜艳的菜肴摆放在桌上，令人赏心悦目。红烧肉、口水鸡、剁椒鱼头等地道湘菜，散发着诱人的香气，让人垂涎欲滴。每一道菜肴都精心烹制，口感鲜美，让人流连忘返。

4. 沿着长沙某条河的河边，一排排小吃摊上摆满了各种美味的小吃。热气腾腾的臭豆腐、香喷喷的烤鱼、麻辣鲜香的串串香，各种诱人的美食让人应接不暇。街边摊主们忙碌地翻炒着食材，香气四溢，吸引了不少游客驻足品尝。

5. 在长沙的夜市上，一家家烧烤店前门庭若市，烤肉的香气扑鼻而来。店内的火焰冲天而起，烤肉的噼啪声在夜空中回荡。人们围坐在火炉旁，边吃边聊，尽情享受着美食和欢乐的时光。

7.2 优化图片提示词的技巧

ChatGPT具有自然语言生成和理解的功能，能够为用户提供各种应用场景下的语言交流和信息生成服务，优化文本内容可以提高AI图片的生成效果，使Sora

生成的图像或视频效果更令人满意。本节将具体介绍优化图片提示词的技巧。

7.2.1　用表格的形式获取答案

在ChatGPT中，可以使用表格的形式列出答案，以提供更清晰和结构化的信息。

【案例55】：对比湖南山水和桂林山水的区别

例如，在ChatGPT中输入"对比一下湖南山水和桂林山水的不同之处，并做成表格"，相关指令和回复的内容如下。

⑭ 提问

对比一下湖南山水和桂林山水的不同之处，并做成表格。

⑤ ChatGPT

特征	湖南山水	桂林山水
地理位置	位于中国中部	位于中国南部
山脉	南岭	峰林
水体	长江、洞庭湖等	漓江、桂江等
地貌特征	山峦连绵、湖泊众多	峰林奇特、溪流纵横
山石形态	多为石灰岩、花岗岩	多为喀斯特地貌，形成了钟乳石
植被	亚热带常绿阔叶林、针叶林	亚热带喀斯特季节性常绿阔叶林
名胜古迹	张家界、岳阳楼、岳麓书院等	桂林山水、漓江、阳朔等
旅游特色	自然风光浓郁，山水交融	奇峰异景，如诗如画
文化影响	深厚的历史文化底蕴，有诗词歌赋传承	被誉为中国山水甲天下，启发了许多文学艺术作品
人文景观	岳麓山、岳阳楼、凤凰古城等	漓江竹筏、临江仙、韦曲寻踪等

将相关问题和答案填入相应的单元格中，这样可以使答案更易读、整齐，并帮助读者更好地理解和比较不同的信息。

7.2.2　模仿相应的图片风格

ChatGPT可以模仿各种平台或摄影师的图片风格，用户在输入提示词时，只需告诉ChatGPT要模仿的平台或摄影师的具体风格和特征，ChatGPT会尽可能地模仿他们的风格来写作。

【案例56】：获取一幅肖像画作品的提示词

下面以模仿莱昂纳多·达·芬奇的图片风格为例，向大家讲解具体的操作方法，相关指令和回复的内容如下。

RI **提问**

我需要使用AI工具创作一幅小女孩的肖像画作品，请模仿莱昂纳多•达•芬奇的图片风格，给出相应的AI绘画提示词。

ChatGPT

想要创作一幅模仿莱昂纳多·达·芬奇风格的小女孩肖像画作品，可以考虑以下提示词。

1. 逼真的人像

2. 精致的透视

3. 光影处理

4. 表现情感

5. 细致的背景描绘

6. 准确的人体比例

7. 莱昂纳多风格特征

8. 柔和的色彩调整

9. 细腻的细节表现

10. 人物肖像的自然表情

☆ 专 家 提 醒 ☆
_____

《蒙娜丽莎》是由文艺复兴时期意大利艺术家莱昂纳多·达·芬奇（Leonardo da Vinci）绘制的作品，他的图片风格以其逼真的表现、精湛的透视技巧、对光影的精细处理，以及对人物情感和解剖学的深入理解而闻名。他的作品不仅在人物形象上展现出精致的细节和准确的比例，同时也通过对环境和背景的精细描绘，使得画面更加生动、丰富。

7.2.3 提供实例获取提示词

通过向ChatGPT提供实例，用户可以更清楚地说明问题或需求，使ChatGPT更好地理解用户的意图，这样可以优化作图的提示词。

扫码看教学视频

【案例57】：在城市街道上一只多彩的蝴蝶

下面介绍向ChatGPT提供实例来获取提示词的方法，具体操作步骤如下。

步骤 01 在ChatGPT中输入相应实例内容，按【Enter】键发送，便可以得到ChatGPT生成的回复，相关指令和回复的内容如下。

RI 提问

在繁忙街道的人行道上有一只多彩的蝴蝶，周围有许多人，夜晚，微距摄影，DSLR相机，鲜艳而柔和的迷雾效果，浅景深。你能想象出一幅怎样的画面？请用文字详细描述。

ChatGPT

想象这样一个场景：夜晚，一条繁忙的街道沐浴在温暖的路灯下。路灯投射出柔和而温馨的光线，为这个繁华都市的一角带来了一抹温暖。人行道上，人们匆匆行走，他们或聊天、或沉思，每个人都沉浸在自己的世界里，构成了这个城市独特的生活画卷。

在这样一个充满活力的环境中，一只多彩的蝴蝶意外地成了这幅画面的主角。它的翅膀上覆盖着各种鲜艳的色彩，如同一幅精细的画作，每一笔都细腻而生动。蝴蝶在人行道上轻盈地飞舞，似乎并不受周围繁忙环境的影响，它的存在为这个忙碌的世界带来了一抹自然与宁静。

此刻，一位摄影师用他的DSLR相机，通过微距镜头捕捉到了这一瞬间的美丽。相机设置了浅景深，使得背景中的人群和街道在视觉上变得模糊，而蝴蝶则被凸显出来，成为画面的焦点。摄影师巧妙地使用了柔和而鲜艳的迷雾效果，这不仅增强了蝴蝶翅膀上色彩的饱和度，还为整个画面增添了一种梦幻般的氛围。

步骤 02 希望ChatGPT根据上面的实例内容重新生成AI绘画提示词，相关指令和回复的内容如下。

RI 提问

以上面的实例为例，请写4个相关的AI绘画提示词。

ChatGPT

1. 一只鲜艳的蝴蝶在夜晚繁忙的城市人行道上优雅地飞舞，周围是柔和模糊的行人和温暖的街灯下的景象，通过梦幻般的微距摄影风格捕捉，采用浅景深和生动而柔和的迷雾效果。

2. 在黄昏的城市街道上，一只多彩的蝴蝶在熙熙攘攘的人群中飞舞，被温柔的城市灯光照亮，通过DSLR相机的镜头展现，强调蝴蝶与浅景深和仙境般的光晕。

3. 在夜晚热闹的城市小道上，一只色彩斑斓的蝴蝶在人来人往中独自飞舞，它鲜艳的翅膀与周围繁忙的背景形成鲜明对比，通过DSLR相机的微距拍摄，展现出柔焦的环境和神秘氛围。

4. 在夜晚的繁忙城市，一只翅膀闪耀着彩虹色泽的蝴蝶停留在人行道上，繁忙的街道生活在它身后变成了柔和的模糊效果，通过浅景深，为这幅画增添了梦幻般的品质。

可以看到，向ChatGPT提供实例，可以在ChatGPT中获取视频画面的具体提示词，而这些提示词的内容又可以提炼为相关图片的提示词，通过表达具体的情境，使ChatGPT能够更好地理解用户的意思并给出准确的回答。

7.2.4 获取特定领域的提示词

扫码看教学视频

在与ChatGPT进行交互时提供上下文和明确的问题来间接地指定受众，通过提供特定领域、特定背景或专业知识相关的问题，可以帮助ChatGPT模型更好地理解你的需求，并提供更相关的回答。

【案例58】: 一幅小猫和小狗图像的提示词

在与ChatGPT的对话中明确指出你的受众范围，以便模型能够更好地适应你的需求，并给出更有针对性的回答，下面介绍具体操作方法。

步骤01 在ChatGPT的输入框中输入对话前提，按【Enter】键发送，确保ChatGPT了解这个领域的内容，相关指令和回复的内容如下。

RI 提问

你知道幼儿园中播放给小朋友看的动画有什么特点吗？

ChatGPT

幼儿园中播放给小朋友看的动画通常具有以下特点。

1. **简单、明了的情节**：这些动画通常有简单且易于理解的情节，适合幼儿的认知水平。情节通常围绕着基本的价值观和道德教育展开，如友谊、团队合作、诚实等。

2. **生动、可爱的角色设计**：动画中的角色通常设计得生动可爱，能够吸引孩子的注意力和喜爱。这些角色可能是动物、玩具或者人形，但它们的形象通常都是简洁而易于识别的。

3. **轻快、愉悦的音乐**：配乐通常较为轻快、愉悦，有助于营造欢乐的氛围，让孩子们感到愉悦和放松。

4. **简单、清晰的语言表达**：动画中的对话和解说通常使用简单、明了的语言，避免使用复杂的词汇和句式，以便幼儿理解和模仿。

5. **教育性和娱乐性相结合**：这些动画既有教育性质，传递了一定的知识、技能或者价值观，同时也具有足够的娱乐性，吸引孩子们观看并享受其中的乐趣。

6. **安全和正面的内容**：动画内容通常是安全、正面和积极的，不含暴力、恐怖或者不良影响，以确保孩子们健康成长。

这些特点有助于幼儿园的动画教育在娱乐中融入教育，促进幼儿的身心健康发展。

步骤 02 向ChatGPT提出要求，让ChatGPT根据特定的领域，生成相应的提示词描述，相关指令和回复的内容如下。

RI 提问

我需要绘制一幅小猫和小狗在一起玩耍的图像，请根据幼儿园小朋友的特点，生成相应的提示词描述。

ChatGPT

当绘制小猫和小狗在一起玩耍的画面时，可以考虑以下提示词描述，以符合幼儿园小朋友的特点。

1. **活泼、可爱的动物形象**：画面中的小猫和小狗应该设计得活泼可爱，让孩子们感受到亲近和喜爱。

2. **友好互动的姿势**：小猫和小狗可以展现出友好互动的姿势，例如一起奔跑、追逐、玩耍，或者互相依偎、搂抱等，表达彼此之间的友谊和情感交流。

3. **明快、欢乐的色彩**：画面应该选择明快、欢乐的色调，如明亮的蓝色、粉色、黄色等，让孩子感到愉悦和轻松。

4. **简单、明了的背景**：背景可以选择简单、明了的场景，如草地、花园或者客厅等，避免过于复杂的元素，以保持幼儿的注意力集中。

5. **友爱的表情和动作**：小猫和小狗的表情和动作应该表现出友爱和快乐的情感，如微笑、眨眼、摇尾巴等，让孩子感受到它们之间的幸福和温暖。

6. **简单、清晰的线条和形状**：画面的线条和形状应该简单、清晰，易于幼儿理解和模仿，避免过于复杂或抽象的表现方式。

7. **温馨、和谐的氛围**：整体画面应该营造出温馨、和谐的氛围，让孩子感受到家庭和睦、友情深厚的氛围，促进他们的情感发展和社交能力。

通过提供明确的问题和相关上下文，可以增加ChatGPT模型对特定受众群体需求的理解和回应。

7.2.5 通过视角增强画面的感染力

扫码看教学视频

通过第一人称视角，观众仿佛置身于画面中，能够清晰地感受到场景中的氛围、情感和细节，增强了阅读的沉浸感。

【案例59】：以第一人称视角提炼提示词

例如，让ChatGPT以第一人称视角，对一只小狗在水里玩耍的画面进行提示词的提炼，具体操作步骤如下。

步骤 01 在ChatGPT的输入框中输入对话前提，按【Enter】键发送，确保ChatGPT了解第一人称视角，相关指令和回复的内容如下。

RI 提问

以第一人称视角写图片的提示词，有什么特点？

⑤ ChatGPT

以第一人称视角写图片的提示词具有以下特点。

1. **亲近感**：使用第一人称视角，读者会感觉自己就是画面中的角色之一，与场景产生了亲密的联系，增强了情感共鸣。

2. **身临其境**：能够让观众清晰地感受到场景中的氛围，增强了画面的沉浸感。

3. **情感表达**：第一人称视角可以更直接地表达角色的情感和内心感受，读者可以更深入地了解角色的情绪变化和心理活动，增强了情感共鸣和情节的吸引力。

4. **主观性**：第一人称视角具有主观性，读者只能看到主角所看到的景象和感受到的情感，因此故事情节和画面描述可能受到主角个人感知和体验的影响。

5. 局限性：第一人称视角也具有局限性，因为只能从主角的角度去描述情景，可能无法全面展现画面中其他角色的行为和情感，读者需要根据主角的观察和理解去推测其他角色的想法和动机。

步骤 02 让ChatGPT根据特定的第一人称视角，提炼出相应图片的提示词内容，相关指令和回复的内容如下。

RI 提问

请以第一人称视角，对一只小狗在水里玩耍的画面进行提示词的提炼。

ChatGPT

当我看着这只小狗在水里玩耍时，提示词的提炼可能如下。

1. 欢乐的表情：小狗的脸上挂着开心的笑容，眼睛里闪烁着快乐的光芒。

2. 水花飞溅：小狗在水中蹦跳着，水花四溅，形成美丽的水花画。

3. 水波荡漾：小狗的身体在水中起伏，水波荡漾，形成一幅动态的画面。

4. 尽情嬉戏：小狗尽情地在水中嬉戏玩耍，享受着水的清凉和活力。

5. 自由自在：小狗在水中自由自在地游动，展现出活泼灵动的身姿。

6. 快乐的氛围：周围充满了快乐的氛围，小狗的欢笑声回荡在水面上，感染着周围的一切。

7. 天真的童趣：小狗展现出天真的童趣，毫无顾忌地尽情享受着水中的乐趣，让人感受到童年的美好回忆。

7.2.6　赋予ChatGPT以身份

扫码看教学视频

ChatGPT作为一个语言模型，它可以充当各式各样的角色，因此用户在与ChatGPT对话时，可以先赋予其身份。

赋予ChatGPT以身份，相当于给了ChatGPT一定的语言风格和话题内容方面的提示，让ChatGPT能够对接下来的对话做足准备。这一技巧不仅适用于咨询ChatGPT信息，也适用于与ChatGPT进行深度的情感沟通。

【案例60】：让 ChatGPT 充当 AI 绘画师

例如，让ChatGPT充当AI绘画师，ChatGPT会生成更有参考价值的答案，下面介绍具体的操作步骤。

步骤01 赋予ChatGPT身份，随后ChatGPT将给出一些关于生成指令的建议，相关指令和回复的内容如下。

RI 提问

你现在是一位AI绘画师，请提供一些生成儿童动画的指令建议。

ChatGPT

作为一位AI绘画师，以下是生成儿童动画的一些建议指令。

1. **选择主题和故事情节**：确定你想要制作的儿童动画的主题和故事情节，可以选择有趣、教育性强、能够吸引孩子注意力的内容。

2. **设计角色**：设计可爱的角色形象，包括主角和配角，他们的外表应该与故事情节相匹配，易于儿童喜爱和理解。

3. **绘制草图**：根据故事情节和角色设计，绘制草图，包括每一个场景的画面布局和角色的动作表情。

4. **绘制动画帧**：使用绘画软件或动画制作软件，逐帧绘制动画。确保每一帧都具有流畅的过渡和自然的动作。

5. **添加背景音乐和音效**：选择适合儿童的背景音乐和音效，为动画增添气氛和趣味。

6. **颜色填充**：对每一帧动画进行颜色填充，使用明亮、丰富的色彩，吸引孩子的注意力。

7. **添加特效和动画效果**：根据需要添加特效和动画效果，增强动画的趣味性和视觉效果。

8. **编辑和合成**：对绘制好的动画进行编辑和合成，确保整体流畅性和连贯性。

9. **测试和调整**：对制作好的动画进行测试，听取反馈，根据需要进行调整和改进。

10. **导出和分享**：导出高清版本的动画，并选择合适的平台分享给目标观众，比如儿童节目、视频网站等。

以上是一些生成儿童动画的指令建议，希望对你的创作有所帮助！

步骤02 在进行角色扮演时，ChatGPT会根据您所提供的角色信息尽力给出合适的回答，继续向ChatGPT提问，相关指令和回复的内容如下。

RI **提问**

请整合上述建议，提供5个关于小猫的AI绘画指令示例，要求画面活泼可爱。

ChatGPT

当然，请看以下5个关于小猫的AI绘画指令示例，确保画面活泼可爱。

1. 主题和故事情节：创作一个关于小猫冒险的故事，比如小猫探索花园的奇遇。

2. 设计角色：设计一个可爱的小猫角色，它有大大的眼睛、圆圆的脸和一条灵活的尾巴。

3. 绘制草图：绘制小猫在花园里玩耍的草图，包括它跳跃、奔跑和与其他动物互动的场景。

4. 颜色填充：用明亮而丰富的色彩填充小猫和花园的背景，让画面更加生动和吸引人。

5. 添加特效和动画效果：在小猫的动作中添加一些特效，比如尾巴的摇摆、耳朵的动态等，增强画面的活力和可爱度。

通过这些指令示例，可以制作出一个充满活力和可爱的小猫动画，吸引孩子们的注意力并给他们带来快乐。

第8章　Sora素材获取

通过对前面章节的学习，读者已经了解到Sora可以以图生视频，还可以在现有视频的基础上进行扩展，那么这些图片或现有的视频素材是哪里来的呢？我们可以通过什么样的方式获取呢？本章将向大家介绍获取图片与视频素材的方法，同样可以使用AI工具进行生成，提高工作效率。

8.1　了解 AI 绘画的常用工具

要想获得理想的图片素材，需要使用相应的AI工具来生成。如今，AI绘画工具的种类非常多，用户可以根据自己的需求选择合适的平台和工具进行绘画创作。本节将介绍6个比较常见的AI绘画平台和工具。

8.1.1　DALL·E 3

扫码看教学视频

DALL·E 3是由OpenAI开发的第三代DALL·E图像生成模型，它能够将文本提示作为输入，并生成新图像作为输出。值得大家注意的是，DALL·E 3与ChatGPT都是由OpenAI公司开发的人工智能模型。

DALL·E 3拥有非常强大的图像生成能力，可以根据文本提示词生成各种风格的高质量图像，如图8-1所示。OpenAI表示，DALL·E 3比以往的系统更能理解细微差别和细节，让用户更加轻松地将自己的想法转化为非常准确的图像。

图 8-1　DALL·E 3 根据提示词生成的图像效果

8.1.2　Midjourney

扫码看教学视频

Midjourney是一款基于人工智能技术的绘画工具，它能够帮助艺术家和设计师更快速、更高效地创建数字艺术作品。Midjourney提供了各种绘画工具和指令，用户只要输入相应的关键字和指令，就能通过AI算法生成相对应的图片，只需不到一分钟。图8-2所示为使用Midjourney绘制的作品。

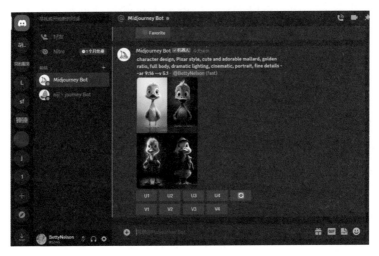

图 8-2 使用 Midjourney 绘制的作品

Midjourney具有智能化绘图功能，能够智能化地推荐颜色、纹理、图案等元素，帮助用户轻松创作出精美的绘画作品。同时，Midjourney可以用来快速创建各种有趣的视觉效果和艺术作品，极大地方便了用户的日常设计工作。

8.1.3 文心一格

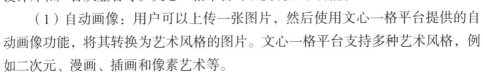

扫码看教学视频

文心一格是由百度飞桨推出的一个AI艺术和创意辅助平台，利用飞桨的深度学习技术，帮助用户快速生成高质量的图像和艺术品，提高创作效率和创意水平，特别适合需要频繁进行艺术创作的人群，例如艺术家、设计师和广告从业者等。文心一格平台可以实现以下功能。

（1）自动画像：用户可以上传一张图片，然后使用文心一格平台提供的自动画像功能，将其转换为艺术风格的图片。文心一格平台支持多种艺术风格，例如二次元、漫画、插画和像素艺术等。

（2）智能生成：用户可以使用文心一格平台提供的智能生成功能，生成各种类型的图像和艺术作品。文心一格平台使用深度学习技术，能够自动学习用户的创意（即关键词）和风格，生成相应的图像和艺术作品。

（3）优化创作：文心一格平台可以根据用户的创意和需求，对已有的图像和艺术品进行优化和改进。用户只需输入自己的想法，文心一格平台就可以自动分析和优化相应的图像和艺术作品。

图8-3所示为使用文心一格绘制的作品。

图 8-3　使用文心一格绘制的作品

8.1.4　AI文字作画

AI文字作画是由百度智能云智能创作平台推出的一个图片创作工具，能够基于用户输入的文本内容智能生成不限风格的图像，如图8-4所示。通过AI文字作画工具，用户只需简单输入一句话，AI就能根据语境生成不同的作品。

扫码看教学视频

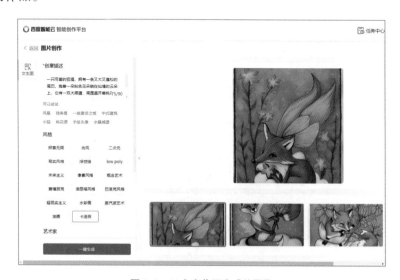

图 8-4　AI 文字作画生成的图像

8.1.5　造梦日记

造梦日记是一个基于AI算法生成高质量图片的平台，用户可以输入任何"梦中的画面"描述词，比如一段文字描述（一个实物或一个场景）、一首诗、一句歌词等，该平台都可以帮用户成功"造梦"，其功能界面如图8-5所示。

图 8-5　造梦日记的功能界面

8.1.6　意间AI绘画

意间AI绘画是一个全中文的AI绘画小程序，支持经典风格、动漫风格、写实风格、写意风格等绘画风格。它会根据用户的关键词、参考图、风格偏好创作精彩作品，让用户体验到手机AI绘画的便捷性。图8-6所示为意间AI绘画生成的作品。

图 8-6　意间 AI 绘画生成的作品

8.2 使用 DALL·E 3 获取图片素材

DALL·E 3生成的图片在质量和细节上都表现得十分优秀，即使使用的是复杂冗长的提示词，DALL·E 3依然能够理解，并根据提示词准确呈现出对应的画面细节。生成的图片效果越好，输入到Sora中生成的视频效果就越理想。本节主要介绍使用DALL·E 3获取图片素材的相应的操作方法。

8.2.1 使用简单的提示词作画

DALL·E 3插件集成在ChatGPT中，是OpenAI官方推出的GPTs版（GPTs是OpenAI推出的自定义版本的ChatGPT），用户通过GPTs能够根据自己的需求和偏好，创建一个完全定制的ChatGPT。用户只需输入简单的提示词，DALL·E 3便可以生成完全符合提示词的图片。

扫码看教学视频

【案例61】：生成一张埃菲尔铁塔图片

下面以案例的形式介绍在DALL·E 3中使用简单的提示词进行作画的方法。

步骤01 打开ChatGPT，进入DALL·E的操作界面，在输入框内输入以下提示词。

RI 提问

法国巴黎的埃菲尔铁塔在蓝天白云的映衬下明亮闪耀，景色美丽。

步骤02 按【Enter】键确认，随后DALL·E将根据用户提供的提示词，生成相应的图片，如图8-7所示。

DALL·E

The images of the Eiffel Tower against a backdrop of blue sky and white clouds have been generated. Please take a look at the beautiful scenery captured in these illustrations.

图 8-7 DALL·E 根据提示词生成两张图片

步骤 03 单击第1张图片，进入预览状态，单击下载按钮 ⬇，如图8-8所示。

步骤 04 执行操作后，即可将图片保存，效果如图8-9所示。

图 8-8　单击下载按钮 ⬇

图 8-9　图片效果

☆ 专家提醒 ☆

在DALL·E 3中进行AI绘图时，需要用户注意的是，即使是相同的关键词，DALL·E 3每次生成的图片效果也不一样。

8.2.2　使用复杂的提示词作画

扫码看教学视频

DALL·E 3不仅拥有强大的提示词执行能力，在处理复杂的提示词方面也展现了非常出色的效果。在处理更长、更复杂的提示词时，DALL·E 3可以在画面中完整地呈现提示词中的各类元素和特征。

【案例62】：生成一张铁质灯塔的图片

下面以案例的形式介绍在DALL·E 3中使用复杂的提示词进行作画的方法。

步骤 01 在DALL·E的输入框内输入以下较为复杂的提示词。

RI　提问

在大海深处，一座孤立的铁质灯塔屹立在一块被巨浪冲击的岩石小岛上。它高耸入云，如同一位孤独的守护者，静静地注视着浩瀚的海洋。夜幕降临，照耀着茫茫大海的灯塔发出一束强光，穿越黑暗，照亮着前行的船只，引导它们安全航行。周围是一片烟雾弥漫的橙色云层，似乎是大自然的神秘馈赠，为这个孤独的小岛增添了一份神秘的色彩。在这神秘而壮丽的画面中，灯塔仿佛科幻世界的守护者，默默守望着这片海域。

步骤02 按【Enter】键确认，随后DALL·E将根据用户提供的提示词，生成相应的图片，如图8-10所示。需要注意的是，更长的提示词也意味着需要更多的GPU（Graphics Processing Unit）处理时间，所以等待出图的时间也就更长。

图 8-10　DALL·E 根据提示词生成两张图片

步骤03 用与上一例相同的方法依次保存两张图片，放大预览图片，效果如图8-11所示。

图 8-11　放大预览图片效果

8.2.3 指定特定的场景进行作画

扫码看教学视频

用户可以通过指定特定的场景，引导模型生成与描述相符的图像，使其更加细致、生动和贴近用户的需求，这种方法对于创作需要特定背景或情境的图像，以及用于生成叙述视觉故事的图像非常有用。

【案例63】：生成一座热闹的游乐园图片

下面以案例的形式介绍指定特定的场景进行作画的方法，具体操作步骤如下。

步骤01 在DALL·E的输入框内输入以下提示词。

RI 提问

一座热闹的游乐园，彩灯绚烂，欢笑声连连，过山车飞驰，旋转木马载着孩子们欢快地旋转。

步骤02 按【Enter】键确认，随后DALL·E将根据用户提供的提示词，生成相应的图片，如图8-12所示。

图8-12 DALL·E根据提示词生成的图片

☆ 专 家 提 醒 ☆

以上提示词包含诸如热闹的游乐园、彩灯绚烂、过山车、旋转木马等方面的细节描述。通过这些描述，DALL·E可以更好地理解用户所期望的游乐园画面，并生成符合要求的图片。

8.2.4　生成动作丰富的图像画面

扫码看教学视频

　　用户可以通过在提示词中添加情感和动作描述，引导人工智能模型生成更富有情感和故事性的图像，使其中的元素不仅是静态的物体，还能够传达出情感、生动感和互动性。这种方法对于生成需要表达情感或讲述故事的图像非常有用，例如广告、艺术创作和娱乐产业。

【案例 64 】: 生成一个可爱的小男孩图片

　　下面以案例的形式介绍生成动作丰富的图像画面的方法，具体操作步骤如下。

　　步骤 01 在DALL·E的输入框内输入以下提示词。

RI　提问

一个可爱的小男孩在海滩上奔跑，他的笑容灿烂，手里拿着风筝，背景是蓝天白云和翻滚的海浪，阳光洒在他身上。

　　步骤 02 按【Enter】键确认，随后DALL·E将根据用户提供的提示词，生成相应的图片，如图8-13所示。

图 8-13　DALL·E 根据提示词生成的图片

☆ 专 家 提 醒 ☆

　　以上提示词描述了一个情感愉悦、充满活力的场景，其中有一个小男孩在海滩上奔跑，他手里拿着风筝，背景是蓝天白云和翻滚的海浪。通过这个描述，DALL·E可以理解生成图像所需的情感、动作和环境，以呈现出一个生动的场景。

8.2.5 提升AI照片的摄影感

摄影感（photography）这个提示词在使用DALL·E生成摄影照片时有非常重要的作用，它通过捕捉静止或运动的物体，以及自然景观等，并选择合适的光圈、快门速度、感光度等相机参数来控制DALL·E的出片效果，例如亮度、清晰度和景深程度等。

【案例 65 】：生成一只蹦跳的小松鼠图片

下面介绍使用DALL·E添加提示词提升AI照片摄影感的方法，操作步骤如下。

步骤01 在DALL·E的输入框内输入以下提示词。

RI 提问

森林里绿草茵茵，一只小松鼠蹦跳着穿梭，每片树叶都展现出极致的纹理，photography。

步骤02 按【Enter】键确认，随后DALL·E将生成添加提示词photography后的图片，效果如图8-14所示。照片中的亮部和暗部都能保持丰富的细节，并营造出丰富多彩的色调效果。

图 8-14 DALL·E 根据提示词生成的图片

8.2.6 制作出逼真的三维模型

在使用DALL·E进行AI绘画时添加提示词C4D Renderer（Cinema

4D 渲染器），可以创作出非常逼真的三维模型、纹理和场景，并对其进行定向光照、阴影、反射等效果的处理，从而打造出各种优秀的视觉效果。

【案例66】：生成一个三维卡通动物角色

下面介绍制作逼真的三维模型图片的方法，具体操作步骤如下。

步骤01 在DALL·E的输入框内输入以下提示词。

RI 提问

一个三维效果的卡通动物角色，穿着闪闪发光的太空服，色彩缤纷，逼真绚丽，C4D Renderer。

步骤02 按【Enter】键确认，随后DALL·E将生成添加提示词C4D Renderer后的图片，效果如图8-15所示。

图 8-15　DALL·E 根据提示词生成的图片

☆ 专 家 提 醒 ☆

C4D Renderer 指的是 Cinema 4D 软件的渲染引擎，它是一种拥有多种渲染选项的三维图形制作软件，包括物理渲染、标准渲染及快速渲染等方式。

8.2.7　生成现实主义风格的图片

现实主义（Realism）是一种致力于展现真实生活、真实情感和真实经验的艺术风格，它更加注重如实地描绘自然，探索被摄对象所处时代、社会、文化背景下的意义与价值，呈现人们亲身体验并能够共鸣的生活场

扫码看教学视频

143

景和情感状态。

【案例67】：生成一只蓝色蝴蝶的图片

在DALL·E中输入提示词时，添加Realism提示词能够快速生成现实主义风格的图片，具体操作步骤如下。

步骤01 在DALL·E的输入框内输入以下提示词。

RI 提问

一只小小的蓝色蝴蝶停在树叶上，翅膀上闪耀着水晶般的光芒，采用鲜明的紫色和橙色调配，色彩夸张，真实的光线效果与自然场景完美融合，呈现出细致入微的细节，逼真到令人惊叹的程度，Realism。

步骤02 按【Enter】键确认，随后DALL·E将根据提示词生成现实主义风格的AI绘画作品，效果如图8-16所示。

图8-16 DALL·E根据提示词生成的图片

8.3 使用 GPT+ 剪映获取视频素材

剪映电脑版的"图文成片"功能非常强大，用户只需提供文案，就能获得一个有字幕、朗读音频、背景音乐和画面的视频。将这种视频输入到Sora中，即可使用扩展视频功能创作出满意的视频作品。本节主要介绍使用ChatGPT生成相应的视频文案，然后将文案运用到剪映中生成视频素材的操作方法。

8.3.1　使用ChatGPT生成视频文案

扫码看教学视频

要想在剪映中生成满意的视频作品，首先要有吸引人的视频文案。下面介绍在ChatGPT中生成视频文案的方法，具体操作步骤如下。

【案例68】：生成一篇服装宣传类文案

步骤01　在输入框中输入相应的指令，按【Enter】键发送，便可以得到ChatGPT生成的回复，相关指令和回复的内容如下。

RI　提问

你对服装宣传类短视频了解吗？

ChatGPT

是的，我对服装宣传类短视频有一定的了解。这类短视频通常是为了促销特定品牌或款式的服装而制作的。它们通常具有以下特点。

1. 时尚感：服装宣传短视频通常着重展示服装的时尚性和美感。它们可能会使用流行的摄影和摄像技巧，以及各种视觉效果来吸引观众的注意力。

2. 情感营销：这些短视频可能会利用情感元素，比如温暖的场景、快乐的音乐或者具有感染力的故事情节，来增强观众的情感共鸣，并让他们更容易与品牌或产品产生联系。

3. 产品展示：它们会以各种方式展示服装的细节，包括面料质地、剪裁设计、配件等。这些展示可能会通过镜头特写、慢动作或者变焦等方式呈现，以突出服装的特色。

4. 社交分享性：这些短视频通常设计得易于在社交媒体上分享。它们可能会包含有趣的标语、引人入胜的故事情节，或者与时尚相关的话题，以吸引观众分享给自己的朋友和关注者。

5. 购买引导：这些短视频的最终目的是促使观众购买所展示的服装。因此，它们可能会包含购买链接、优惠码或者促销信息，以便观众可以直接转化为购买者。

总的来说，服装宣传类短视频是一种通过视觉和情感吸引力来推动销售的营销工具，它们在社交媒体等平台上广泛应用，并且在吸引消费者注意力和增加品牌曝光方面发挥着重要作用。

步骤02　继续输入相应的指令，希望ChatGPT给出具体的短视频文案，相关

145

指令和回复的内容如下。

RI 提问

请以时尚感为主题，写一段关于服装宣传类的短视频文案，服装要体现质感，画面要吸引人，细节要丰富。

ChatGPT

一抹柔和的阳光洒在林荫小道上，如梦似幻的氛围仿佛让整个世界都沉浸在一场时尚的幻想中。随着悠扬的音乐，一位优雅的女士款款走来，她身穿一袭轻盈素雅的长裙，每一步都仿佛是舞动的节奏。

细心观察，裙摆轻拂地面，每一丝细褶都透露着质感；腰间精致的腰带点缀着整体造型，为其增添了一丝俏皮与灵动。

突然，画面一转，来到了一处热闹的夜市，五彩斑斓的霓虹灯下，一位时尚达人挥洒自如，她身着一套富有设计感的时尚套装，每一处细节都展现着品位与个性。

跳跃的镜头，快速切换的画面，仿佛整个世界都沉浸在一场时尚派对中，每一帧都是对时尚的致敬，每一刻都是对美好生活的向往。

最后，镜头聚焦在一处个性的标志上，这不仅仅是一种品牌，更是一种态度，一种追求时尚与品质生活的态度。时尚不仅是一种外在的表现，更是一种内在的追求。让我们一起，穿上品质，散发魅力，成为时尚的宠儿。

步骤 03 至此，ChatGPT中的文案就生成了，全选ChatGPT回复的文案，在文案上单击鼠标右键，在弹出的快捷菜单中选择"复制"命令，复制ChatGPT的文案内容，将其粘贴到记事本中，进行适当的修改，以优化生成的视频效果。

8.3.2 运用剪映的图文成片功能生成视频

剪映电脑版的"图文成片"功能可以根据用户提供的文案，智能匹配图片和视频素材，并自动添加相应的字幕、朗读音频和背景音乐，轻松完成文本生视频的操作。

扫码看教学视频

【案例 69】：生成一段服装宣传类视频

下面介绍在剪映电脑版中运用"图文成片"功能生成视频的具体操作方法。

步骤 01 打开剪映电脑版，在首页单击"图文成片"按钮，如图8-17所示。

图 8-17　单击"图文成片"按钮

步骤 02 弹出"图文成片"面板，单击"自由编辑文案"按钮，如图8-18所示。

图 8-18　单击"自由编辑文案"按钮

步骤 03 进入相应的面板，然后打开记事本，全选修改后的文案内容，选择"编辑"|"复制"命令，复制文案内容，并粘贴到"图文成片"面板中，如图8-19所示。

图 8-19 粘贴到"图文成片"面板中

在剪映中运用"图文成片"功能制作短视频时，需要注意，即使是相同的文案内容，剪映每次生成的短视频效果也不一样。

步骤04 单击"那姐"右侧的 **△** 按钮，在弹出的列表框中选择"广告男声"选项，如图8-20所示，更改朗读人声。

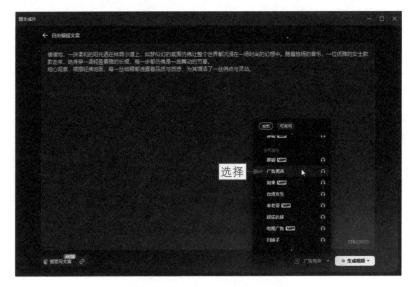

图 8-20 选择"广告男声"选项

步骤05 单击"生成视频"按钮，在弹出的列表框中选择"智能匹配素材"选项，如图8-21所示。

图 8-21　选择"智能匹配素材"选项

步骤06 执行操作后，即可开始生成对应的视频，并显示视频生成进度，如图8-22所示。

图 8-22　显示视频生成进度

步骤07 稍等片刻，即可进入剪映的视频编辑界面，在视频轨道中可以查看剪映自动生成的短视频缩略图，如图8-23所示。

图 8-23　查看剪映自动生成的短视频缩略图

步骤08 单击右上角的"导出"按钮，弹出"导出"对话框，设置相应的导出信息，单击"导出"按钮，如图8-24所示，即可导出视频文件。

图 8-24　单击"导出"按钮

步骤 09 双击导出的视频文件，即可预览视频，效果如图8-25所示。

图 8-25　预览视频效果

第9章　Sora创意应用

Sora的应用非常广泛，它可以用于创建个性化的视频，可用于电影、电视剧和游戏开发，加快内容制作流程并提高效率；Sora还可以定制广告、动画故事或艺术创作等。此外，Sora还可以用于教育领域，制作出生动的教学视频或交互式课程。总之，Sora的创意应用可以满足各种行业和个人的需求。

9.1　Sora 常见的创意应用

本节主要介绍Sora常见的创意应用，例如制作电影预告片、教育内容、动画片内容、电商广告、游戏预告、虚拟房产展示、旅游推广视频及产品演示视频等，帮助大家更好地应用Sora。

9.1.1　制作电影预告片

扫码看教学视频

Sora能够快速生成高质量的视频内容，可以在较短的时间内完成电影预告片或特效片段的制作，能够根据电影的风格、主题和氛围定制独特的预告片，吸引目标观众。Sora具有丰富的创意和想象力，可以创造出多样化的场景、特效和动画效果，为电影片段增添新奇和独特的元素，还能够在制作过程中节省成本。

【案例 70】：一个云人高耸于地球上空

图9-1所示为Sora制作的一段电影特效类视频，整个场景充满了神秘和震撼的氛围，展现了自然界的强大和神奇。

扫码看案例效果

图 9-1　一段电影特效类视频

这段AI视频使用的提示词如下：

A giant, towering cloud in the shape of a man looms over the earth. The cloud man shoots lighting bolts down to the earth.

中文大致意思为：

一朵巨大、高耸的人形云笼罩着大地。云人向大地射出闪电。

9.1.2 制作教育内容

扫码看教学视频

Sora可以根据用户提供的文本或提示生成定制的教育视频，满足不同学习需求和教学目标。通过动画、图像和文本的结合，Sora可以将抽象的概念转化为生动直观的视觉内容，有助于学生更好地理解和记忆知识点。

Sora可以生成各种主题和学科的视频内容，涵盖了广泛的教育领域，包括科学、历史、文学、数学等，生成的视频可以达到高品质水平，包括清晰的图像和流畅的动画，能提供更好的观看体验。

【案例71】：一段婆罗洲野生动物视频

扫码看案例效果

图9-2所示为基纳巴丹干河上的婆罗洲野生动物，通过这样的视频展示，可以让大家认识更多的动物品种。

图 9-2 一段婆罗洲野生动物视频

这段AI视频使用的提示词如下：

Borneo wildlife on the Kinabatangan River.

中文大致意思为：

基纳巴丹干河上的婆罗洲野生动物。

使用Sora制作教育内容可以节省时间和成本，而且可以灵活地根据需求进行调整和修改，以满足不同学习者的需求。

9.1.3　制作动画片内容

扫码看教学视频

Sora可以生成各种风格的动画，包括卡通、写实、幻想等，满足不同受众的喜好和需求。Sora作为动画制作工具具有内容定制化、风格丰富多样、生产高效、动画质量高和灵活性等优势，能够为动画制作领域带来创新和便利。

【案例 72】：袋鼠在舞台上跳起了舞蹈

扫码看案例效果

图9-3所示为一只卡通形象的袋鼠在舞台上跳起了迪斯科舞蹈，这段动画片内容丰富，动作形象，能吸引观众的眼球。

图 9-3　袋鼠在舞台上跳起了舞蹈

这段AI视频使用的提示词如下：

A cartoon kangaroo disco dances.

中文大致意思为：

卡通形象的袋鼠跳起了迪斯科舞蹈。

9.1.4　制作电商广告

扫码看教学视频

Sora可以根据电商产品的特点和目标受众的需求，生成定制广告内容，使广告更贴近目标受众，提高产品的吸引力和影响力。

Sora可以生成多种形式的广告内容，包括动画、实景模拟、产品展示等，可以根据产品的特点和宣传需求选择最适合的表现形式。

【案例73】：一只柯基犬使用手机拍视频

扫码看案例效果

图9-4所示为Sora生成的一只柯基犬使用手机自拍的视频画面。这段视频可以嵌入太阳镜、沙滩垫或自拍杆等的电商广告中，增强了广告的趣味性。

图9-4 一只柯基犬自拍的视频画面

这段AI视频使用的提示词如下：

A corgi vlogging itself in tropical Maui.

中文大致意思为：

一只柯基在热带的毛伊岛自拍的视频。

相比传统的广告制作方式，使用Sora可以节省大量的时间和成本，无须烦琐的拍摄和后期制作过程，只需输入简单的文本即可生成广告内容。Sora生成的广告内容画面精美、动作流畅，能够吸引目标受众的注意力，提高广告的曝光度和点击率。

9.1.5　制作游戏预告

扫码看教学视频

　　Sora可以根据游戏的类型、故事情节和特色功能生成预告内容，使预告更加吸引人并突出游戏的特点。Sora可以生成多种形式的游戏预告，包括计算机图形学（Computer Graphics，CG）动画、实景模拟、游戏片段等，用户可根据游戏类型选择最适合的表现形式。

【**案例 74**】：一段《我的世界》游戏片段

扫码看案例效果

　　图9-5所示为Sora生成的一段《我的世界》游戏片段。

图 9-5　《我的世界》游戏片段

这段AI视频使用的提示词如下：

Simulate the game scene of "Minecraft".

中文大致意思为：

模拟《我的世界》游戏场景。

9.1.6　制作虚拟房产展示

扫码看教学视频

　　Sora可以根据房产的不同特点和需求，定制生成符合客户要求的展示内容，包括房屋内部布局、装饰风格、家具摆放、展厅设计等。Sora生成的虚拟房产展示具有逼真的视觉效果，包括高清晰度的画面、真实的光影效果和细致的细节，能够展现房产的实际情况。

【案例 75】：一段有关艺术作品的艺术画廊

扫码看案例效果

图 9-6 所示为 Sora 生成的一段有关艺术作品的艺术画廊，画廊中收藏了各种不同风格和流派的艺术作品，内部环境设计舒适，真实感强。

图 9-6　一段有关艺术作品的艺术画廊

这段AI视频使用的提示词如下：

Tour of an art gallery with many beautiful works of art in different styles.

中文大致意思为：

参观一个拥有多种不同风格的美丽艺术作品的艺术画廊。

☆ 专家提醒 ☆

Sora 制作的虚拟房产展示视频，能够为房地产开发商和中介提供更加吸引人和有效的宣传作用，促进房产的销售和租赁。

9.1.7　制作旅游推广视频

扫码看教学视频

通过Sora可以轻松生成多样化的旅游视频，包括风景、文化、美食、娱乐等，满足不同游客的需求和兴趣。Sora具有高度的定制性，可以根据目的地的特点和需求，定制生成个性化的旅游推广视频，满足不同旅游品牌和地区的宣传要求。

【案例76】：一段圣托里尼岛的鸟瞰视频画面

扫码看案例效果

图9-7所示为Sora生成的一段蓝色时刻圣托里尼岛的鸟瞰视频画面，展示了带有蓝色圆顶的白色基克拉迪的建筑风格，营造出了美丽、宁静的氛围。当观众看到这样一段风景优美的视频时，就会忍不住想去这个地方旅游。

图 9-7　制作旅游推广视频

这段AI视频使用的提示词如下：

Aerial view of Santorini during the blue hour, showcasing the stunning architecture of white Cycladic buildings with blue domes. The caldera views are breathtaking, and the lighting creates a beautiful, serene atmosphere.

中文大致意思为：

蓝色时刻圣托里尼岛的鸟瞰图，展示了带有蓝色圆顶的白色基克拉迪建筑令人惊叹的建筑风格。火山口的景色令人叹为观止，灯光营造出了美丽、宁静的氛围。

☆ 专家提醒 ☆

相比传统的旅游推广视频的拍摄和制作方式，使用 Sora 进行视频创作不仅大大提高了效率，而且无须实际前往目的地进行拍摄和后期制作。

9.1.8 制作产品演示视频

扫码看教学视频

使用Sora可以展示产品的多个方面和功能，包括产品的外观、功能演示及使用场景等，让用户全面了解产品的特点和优势。Sora还可以生成逼真的虚拟产品展示视频，包括3D渲染、动画效果等，不仅可以吸引用户的眼球，还能提升产品的吸引力和竞争力，满足不同产品的展示需求。

【案例77】：一段产品演示视频

扫码看案例效果

图9-8所示为Sora生成的一段360运动相机产品的演示视频，展示了产品的外观造型，以及产品的质感。

图 9-8　一段产品演示视频

这段AI视频使用的提示词如下：

On a yellow glass table sits a small 360-degree sports camera.

中文大致意思为：

一张黄色的玻璃桌上，摆着一个小巧的360运动相机。

9.2 Sora 其他的创意应用

Sora不仅可以应用在电影、教育、动画片、电商广告及旅游推广等方面，还可以应用在社交媒体、新闻报告及科学研究等方面，本节将进行相关讲解。

9.2.1 用于社交媒体内容

扫码看教学视频

利用Sora制作社交媒体内容，发布在个人自媒体账号中，可以吸引流量，能够为个人自媒体账号带来更多的关注和粉丝，提升账号的影响力和知名度。

将Sora制作的视频用于社交媒体，具有以下优势和特点，如图9-9所示。

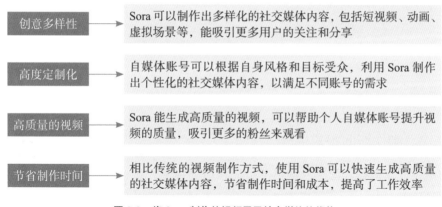

图 9-9 将 Sora 制作的视频用于社交媒体的优势

☆ 专家提醒 ☆

用户可以通过文本提示来影响 Sora 生成的视频，这样可以帮助个人自媒体账号制作出更具创意和更高质量的社交媒体内容，提升内容的吸引力和观赏性。

【案例 78】: 两只狗在城市中顽皮地嬉戏

图9-10所示为Sora生成的动物类短视频，将这样的视频发布于社交媒体账号中，可以吸引那些喜欢动物的粉丝，还能吸引一些摄影师的关注，提升账号的流量。

扫码看案例效果

图 9-10 Sora 生成的动物类短视频

这段AI视频使用的提示词如下：

A Samoyed and a Golden Retriever dog are playfully romping through a futuristic neon city at night. The neon lights emitted from the nearby buildings glistens off of their fur.

中文大致意思为：

夜间，一只萨摩耶犬和一只金毛猎犬正在一座未来霓虹灯城中顽皮地嬉戏。附近建筑物发出的霓虹灯光照在它们的皮毛上亮闪闪的。

9.2.2　制作新闻报道内容

扫码看教学视频

　　Sora可以根据新闻事件的描述生成相应的视频，包括场景重现、人物动作等，从而为新闻报道增添生动和直观的视觉效果。通过视频形式呈现新闻报道可以提高报道的吸引力和可读性，吸引更多观众关注和阅读。Sora生成的视频可以让观众更直观地了解新闻事件的发生和过程。

　　另外，视频报道可以与文字报道相结合，增加报道的多样性和互动性，观众可以通过观看视频了解新闻内容，同时可以阅读文字报道获取更多的细节信息。

【案例79】：一位老人在暴风雨中愉快地漫步

　　图9-11所示为Sora生成的一段纪实类短视频片段，可用于纪实类的新闻报道，画面清晰、逼真。

扫码看案例效果

图9-11　一段纪实类的视频片段

这段AI视频使用的提示词如下：

An old man wearing blue jeans and a white T-shirt, holding an umbrella, takes a pleasant stroll in the stormy weather of Mumbai, India.

中文大致意思为：

一位穿着蓝色牛仔裤和白色T恤的老人，手中拿着一把伞，在印度孟买的暴风雨中愉快地漫步。

☆ 专 家 提 醒 ☆

将 Sora 应用于新闻报道领域可以增强报道的效果，提高了新闻报道的吸引力和互动性，同时节省了制作成本，推动了新闻报道的创新发展。

9.2.3　用于科学研究

扫码看教学视频

将Sora应用于科学研究领域可以提高研究人员的工作效率，加深研究人员对研究内容的理解，并促进学术界科学研究的发展和进步，主要体现在以下几个方面，如图9-12所示。

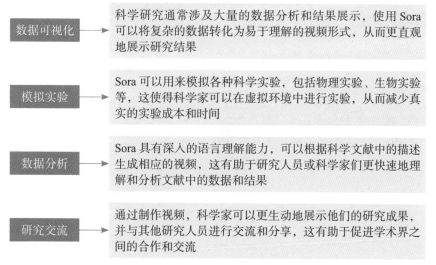

数据可视化	科学研究通常涉及大量的数据分析和结果展示，使用 Sora 可以将复杂的数据转化为易于理解的视频形式，从而更直观地展示研究结果
模拟实验	Sora 可以用来模拟各种科学实验，包括物理实验、生物实验等，这使得科学家可以在虚拟环境中进行实验，从而减少真实的实验成本和时间
数据分析	Sora 具有深入的语言理解能力，可以根据科学文献中的描述生成相应的视频，这有助于研究人员或科学家们更快速地理解和分析文献中的数据和结果
研究交流	通过制作视频，科学家可以更生动地展示他们的研究成果，并与其他研究人员进行交流和分享，这有助于促进学术界之间的合作和交流

图 9-12　将 Sora 应用于科学研究的作用

9.2.4　重现文化遗产

扫码看教学视频

Sora还可以应用于文化遗产方面，通过生成与文化遗产相关的视频，帮助国家保护和传承文化遗产，增强学生在文化遗产方面的教育，创造出多样化的文化体验，还能提升文化遗产的可视性，推动文化遗产传承工作的创新发展。

Sora在重现文化遗产方面主要有以下几个作用，如图9-13所示。

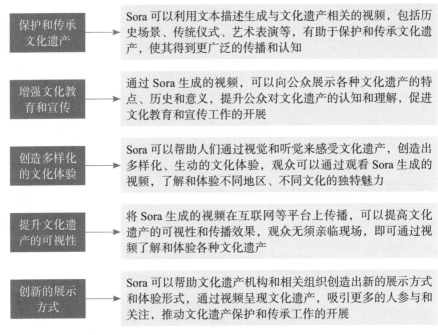

保护和传承文化遗产	Sora 可以利用文本描述生成与文化遗产相关的视频,包括历史场景、传统仪式、艺术表演等,有助于保护和传承文化遗产,使其得到更广泛的传播和认知
增强文化教育和宣传	通过 Sora 生成的视频,可以向公众展示各种文化遗产的特点、历史和意义,提升公众对文化遗产的认知和理解,促进文化教育和宣传工作的开展
创造多样化的文化体验	Sora 可以帮助人们通过视觉和听觉来感受文化遗产,创造出多样化、生动的文化体验,观众可以通过观看 Sora 生成的视频,了解和体验不同地区、不同文化的独特魅力
提升文化遗产的可视性	将 Sora 生成的视频在互联网等平台上传播,可以提高文化遗产的可视性和传播效果,观众无须亲临现场,即可通过视频了解和体验各种文化遗产
创新的展示方式	Sora 可以帮助文化遗产机构和相关组织创造出新的展示方式和体验形式,通过视频呈现文化遗产,吸引更多的人参与和关注,推动文化遗产保护和传承工作的开展

图 9-13 Sora 在重现文化遗产方面的作用

☆ 专家提醒 ☆

另外,艺术家和创作者可以利用 Sora 的视频生成功能,将文化遗产融入到他们的创意表达中,推动艺术领域的发展和创新。

第10章　Sora的变现方式

目前Sora已火爆全球，许多人对Sora最直接的想法就是借助Sora如何赚到一桶金。确实，Sora AI视频是一个潜力巨大的市场，但同时也是一个竞争激烈的市场。所以，大家要想用Sora进行变现，轻松年赚上百万，就得掌握一定的变现技巧。本章主要介绍Sora的多种变现方式，希望对大家有所帮助和启发。

10.1 Sora 常见的变现方式

本节主要介绍Sora比较常见的变现方式，例如售卖Sora账号和邀请码、售卖高质量视频的prompt、用Sora做自媒体账号赚钱、将生成的视频上传到素材网站、制作与代生成Sora AI视频等方式，让利用Sora营利变得更简单。

10.1.1 售卖Sora账号和邀请码

扫码看教学视频

在AI工具领域，尤其是像Sora这样的AI视频工具，第一波流量大概率在Sora账号的交易上，就是让用户先用上工具，再让用户了解其功能和效果。因此，拥有Sora账号或获得邀请码成为用户获取工具的主要途径之一。

在早期阶段，OpenAI公司可能会采取限制性注册的方式，通过邀请码来控制用户规模，并提高工具的稀缺性。这种策略有助于激发用户的兴趣和期待，从而推动了账号和邀请码的交易。就像当初ChatGPT账号的注册，就有商家售卖ChatGPT的账号，赚到了一大桶金。

早期，大家可以通过账号和邀请码的交易赚取一定的收益，因为在工具刚刚发布时，由于稀缺性，账号和邀请码的价值会相对较高。随着Sora的发展和政策调整，后续可能会有更多的营利机会。例如，商家可以考虑提供Sora的充值服务，用户通过充值可以获得更多的Sora功能，或者优先体验Sora的新功能等，这种变现方式能够利用Sora的热度和稀缺性，为用户和投资者带来双重收益。

因此，通过售卖Sora账号或邀请码，以及提供其他的增值服务，可以实现对Sora的变现，这种方式充分利用了工具的稀缺性和用户的需求，为早期参与者和投资者提供了营利机会。

10.1.2 售卖高质量视频的prompt

扫码看教学视频

prompt是指一段文字描述，也可以称为提示词，作为输入传递给AI模型，用于引导模型生成特定类型的内容，例如文本、图像或视频，它在人工智能领域中应用广泛。在AI绘画和AI视频生成工具中，prompt的作用类似于艺术家的创意构思或导演的指导，它定义了生成内容的主题、情感和风格。

在交易平台上，用户可以上传自己设计的prompt，然后设定价格等信息，其他用户可以购买这些prompt，用于他们自己生成AI项目。对于那些熟悉AI技术的人，他们很容易设计出一个好的prompt，因此优质的prompt往往能够吸引更多的购买者，也能以较高的价格售出。

图10-1所示为某平台售卖相关AI工具的prompt，其他商家可以参照此方法，在相关平台上售卖Sora视频的prompt，也可以获得很好的收益。

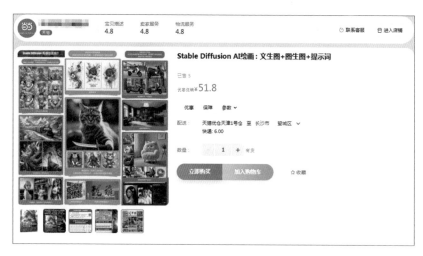

图 10-1 某平台售卖相关 AI 工具的 prompt

对于AI视频生成工具，一个好的prompt可以激发模型生成令人满意的视频，因此有一定的市场价值，这种交易模式为创作者提供了一种新的变现方式，也促进了AI技术的进步和应用。

【案例 80】：一只可爱的水獭站在冲浪板上

扫码看案例效果

图10-2所示为Sora生成的一段3D动画效果，描述的是一只可爱的水獭站在冲浪板上的场景，这段视频画面具有可爱、活泼、轻松的特点，通过生动的场景和精致的渲染效果，呈现出了一个愉快的画面，这段视频的prompt就写得很好。

图 10-2

图 10-2　一只可爱的水獭站在冲浪板上

这段AI视频使用的提示词如下：

An adorable happy otter confidently stands on a surfboard wearing a yellow lifejacket, riding along turquoise tropical waters near lush tropical islands, 3D digital render art style.

中文大致意思为：

一只可爱的水獭穿着黄色救生衣快乐自信地站在冲浪板上，沿着郁郁葱葱的热带岛屿附近碧绿的热带水域骑行，3D数字渲染艺术风格。

10.1.3　用Sora做自媒体账号赚钱

Sora是一款强大的AI视频生成工具，可以帮助用户快速生成高质量的视频内容，无须复杂的视频制作技能和大量的时间成本。用户将Sora生成的视频发布到自媒体账号上，如抖音、快手、视频号、小红书、B站等，可以直接面向海量用户群体，获取更多的曝光和关注，如图10-3所示。

图 10-3　将 Sora 生成的视频发布到自媒体账号上

国内的自媒体平台拥有庞大的用户基础和活跃的内容创作环境，能够为视频提供广阔的传播空间和更多的观众。小红书、视频号等平台相对不那么内卷，更注重内容质量和用户体验，适合发布更具有创意和品质的视频内容，很容易获得稳定的流量。

长期来看，自媒体从业者需要不断尝试和探索，形成自己独特的AI视频风格，吸引更多的关注和粉丝。例如，可以尝试复活AI名人进行访谈、宠物视频、二次元动漫混剪、电影混剪等不同类型的视频内容，以满足不同用户群体的需求。当用户自媒体账号的流量上来以后，就可以通过带货来变现了。

10.1.4 将生成的视频上传到素材网站

扫码看教学视频

国内有许多类似的短视频素材交易网站，这些网站提供了一种赚钱的途径，但相对来说，这类方式的可持续性较低，因为平台不会允许用户大量上传AI生成的视频素材。图10-4所示为专门售卖视频素材的网站。

图 10-4 专门售卖视频素材的网站

将Sora生成的视频上传到素材网站进行售卖，具有以下几个优势和特点，如图10-5所示。

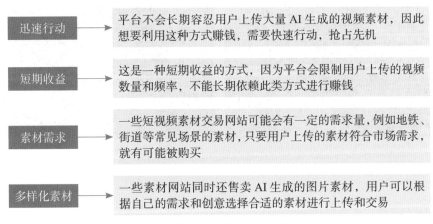

迅速行动	平台不会长期容忍用户上传大量AI生成的视频素材，因此想要利用这种方式赚钱，需要快速行动，抢占先机
短期收益	这是一种短期收益的方式，因为平台会限制用户上传的视频数量和频率，不能长期依赖此类方式进行赚钱
素材需求	一些短视频素材交易网站可能会有一定的需求量，例如地铁、街道等常见场景的素材，只要用户上传的素材符合市场需求，就有可能被购买
多样化素材	一些素材网站同时还售卖AI生成的图片素材，用户可以根据自己的需求和创意选择合适的素材进行上传和交易

图 10-5 将视频上传到素材网站进行售卖的特点

10.1.5 制作与代生成Sora AI视频

扫码看教学视频

对于制作与代生成AI短视频，又涉及两种不同类型的用户，针对他们的需求，商家可以提供不同的服务和营销策略，下面进行相关讲解。

1. 尝鲜用户

这类用户可能对Sora AI视频生成技术感兴趣，但并不想自己花时间去学习和研究视频生成的过程，他们更倾向于直接获得Sora生成好的视频素材。

因此，为这类用户提供代生成服务是一个很好的选择，你可以利用Sora等工具生成高质量的AI视频，然后以一定的价格向这类用户销售。在市场上，可以提供一些免费的样品视频或者限时优惠活动，吸引这类用户尝试购买。

【案例81】：一段人们日常生活类短视频

扫码看案例效果

图10-6所示是Sora生成的一段人们日常生活类短视频，商家可以将这些Sora的样品视频发给尝鲜用户看，如果他们喜欢，就会下单购买，然后商家再重新生成类似的视频效果即可。

图 10-6 一段人们日常生活类短视频

这段AI视频使用的提示词如下：

A beautiful homemade video showing the people of Lagos, Nigeria in the year 2056. Shot with a mobile phone camera.

中文大致意思为：

一段精美的自制视频，展示了2056年尼日利亚拉各斯的人们。这是一段用手机摄像头拍摄的视频。

2. 定制化需求用户

另一类用户可能有特定的定制化需求，他们需要定制化的AI视频素材，来满足自己的需求。这些用户可能是企业、品牌、个人创作者等，他们希望通过AI视频展示自己的产品、服务、品牌形象等。

对于这类用户，商家可以提供定制化的服务，根据他们的需求和要求，使用Sora等工具生成符合其要求的视频素材。在营销方面，可以通过社交平台展示你的作品，吸引潜在客户的注意，并与他们进行沟通，了解他们的需求，提供个性化的解决方案。当然，这也依赖于你的视频剪辑与合成技术，是否能剪辑出独具风格的作品。

综上所述，针对不同类型的用户，可以采取不同的服务和营销策略，以满足他们的需求，提供高质量的AI视频素材，并从中获得收益。同时，要注重营销和品牌推广，通过展示优质的作品吸引更多的用户和客户。

10.1.6　制作Sora相关的使用教程并出售

在AI领域，知识付费成了一种经典的生意模式，特别是在过去的一年里，这种模式包括销售课程、社群培训、使用教程等，而与Sora相关的知识付费产品也成了其中的一种。图10-7所示为商家售卖Sora使用教程的案例。

扫码看教学视频

图 10-7　某商家售卖 Sora 使用教程的案例

以下是关于Sora知识付费产品的详细介绍，如图10-8所示。

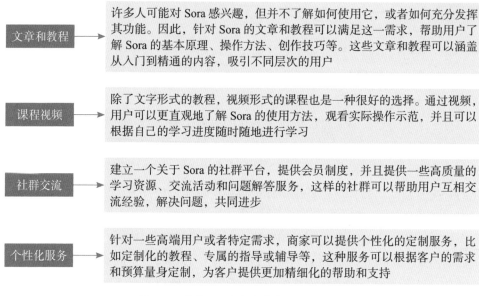

文章和教程 → 许多人可能对 Sora 感兴趣，但并不了解如何使用它，或者如何充分发挥其功能。因此，针对 Sora 的文章和教程可以满足这一需求，帮助用户了解 Sora 的基本原理、操作方法、创作技巧等。这些文章和教程可以涵盖从入门到精通的内容，吸引不同层次的用户

课程视频 → 除了文字形式的教程，视频形式的课程也是一种很好的选择。通过视频，用户可以更直观地了解 Sora 的使用方法，观看实际操作示范，并且可以根据自己的学习进度随时随地进行学习

社群交流 → 建立一个关于 Sora 的社群平台，提供会员制度，并且提供一些高质量的学习资源、交流活动和问题解答服务，这样的社群可以帮助用户互相交流经验，解决问题，共同进步

个性化服务 → 针对一些高端用户或者特定需求，商家可以提供个性化的定制服务，比如定制化的教程、专属的指导或辅导等，这种服务可以根据客户的需求和预算量身定制，为客户提供更加精细化的帮助和支持

图 10-8　关于 Sora 知识付费产品的详细介绍

10.2　Sora 其他的变现方式

除了上一节讲解的变现方式，Sora 还有一些其他的变现方式，如制作电商产品视频进行演示、使用Sora制作AI视频小说等，本节将进行详细讲解。

10.2.1　制作电商产品视频进行演示

利用Sora制作电商产品演示视频进行变现的方式，主要针对企业在电商领域的应用。下面是对这一内容的详细介绍，如图10-9所示。

扫码看教学视频

快速制作产品演示视频 → 企业利用 Sora 可以轻松制作产品演示视频，展示商品的特点、功能、用途等信息，这样的视频可以是简短的宣传片，也可以是详细的产品介绍视频，以吸引潜在客户的注意

展会和网络营销 → 在展会上，播放产品演示视频可以吸引更多的参观者，帮助他们更好地了解企业的产品。在网络营销方面，将产品演示视频分享到企业的官方网站、社交媒体平台等渠道，可以扩大品牌影响力，提升产品曝光度，吸引更多的潜在客户

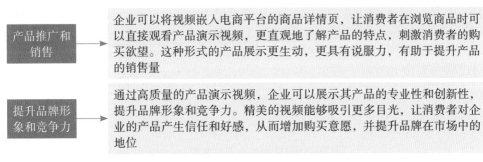

图 10-9　制作电商产品视频的相关分析

综上所述，利用Sora制作产品演示视频是一种快速、高效、有效的变现方式，能够帮助企业提升产品的曝光度和销量，同时提升品牌形象和竞争力。企业可以将Sora作为营销工具，灵活运用于电商平台、展会、网络营销等多个方面，为产品推广和销售带来更好的效果。

10.2.2　使用Sora制作AI视频小说

扫码看教学视频

利用Sora制作小说的AI视频是一种创新的变现方式，可以为内容创作者带来丰厚的商业收益。

通过结合AI小说和视频制作的趋势，创作并推广具有新颖性的AI视频小说内容，可以吸引更多的流量和粉丝，拓展商业变现渠道，实现内容创作的双赢局面。下面针对这一变现方法展开详细的介绍，如图10-10所示。

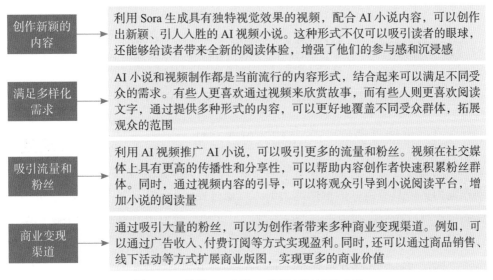

图 10-10　使用 Sora 制作 AI 视频小说的相关分析

10.2.3 制作微电影进行短片比赛获奖

扫码看教学视频

利用Sora制作微电影并参加短片比赛是一种多元化的变现方式，通过获得奖金和奖品、提升知名度、获取商业机会、版权收益等途径，可以为创作者带来经济收益和商业机会，实现微电影作品的双赢。

下面针对这一变现方式展开详细的介绍，如图10-11所示。

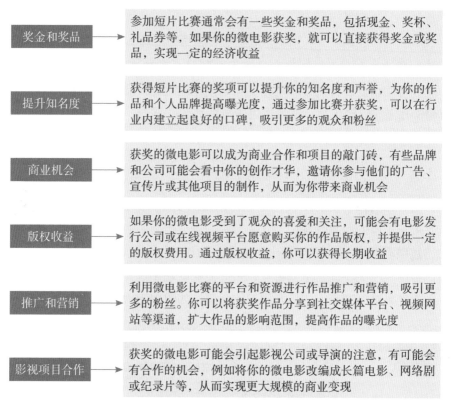

图 10-11 制作微电影进行短片比赛获奖的相关分析

10.2.4 直播带货推广Sora相关付费产品

扫码看教学视频

利用直播进行售卖是一种有效的变现方式，尤其是那些没有产品制作能力，但具有良好的推广能力的人。通过展示Sora生成的短视频作品，进行产品推广和销售，可以实现双方的利益最大化，为主播带来收益和合作的机会。

下面针对这一变现方式展开详细的介绍，如图10-12所示。

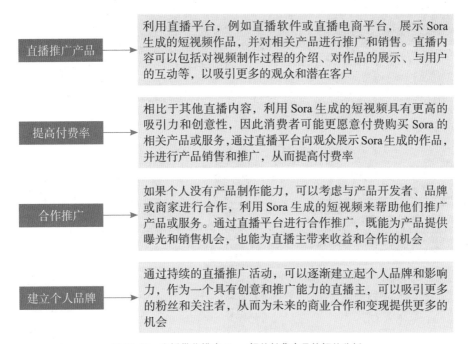

图 10-12　直播带货推广 Sora 相关付费产品的相关分析